U0258646

极简通识系列

极简
天文学

［英］科林·斯图尔特 / 著

柏江竹 / 译

THE UNIVERSE IN BITE-SIZED CHUNKS

中信出版集团 | 北京

图书在版编目（CIP）数据

极简天文学/（英）科林·斯图尔特著；柏江竹译
. --北京：中信出版社，2019.4（2021.6重印）
书名原文：The Universe in Bite-sized Chunks
ISBN 978-7-5217-0093-0

I.①极… II.①科… ②柏… III.①天文学－普及
读物 IV.①P1-49

中国版本图书馆CIP数据核字（2019）第030947号

The Universe in Bite-sized Chunks by Colin Stuart
Copyright © Michael O'Mara Books Limited 2018
This edition arranged with MICHAEL O'MARA BOOKS LIMITED
Through BIG APPLE AGENCY, INC., LABUAN, MALAYSIA.
Simplified Chinese edition © 2019 CITIC Press Corporation.
All rights reserved.
本书仅限中国大陆地区发行销售

极简天文学

著　　者：［英］科林·斯图尔特
译　　者：柏江竹
出版发行：中信出版集团股份有限公司
　　　　　（北京市朝阳区惠新东街甲4号富盛大厦2座　邮编　100029）
承　印　者：北京通州皇家印刷厂

开　　本：787mm×1092mm　1/32　　印　　张：9.5　　字　　数：132千字
版　　次：2019年4月第1版　　　　　印　　次：2021年6月第7次印刷
京权图字：01-2018-6804
书　　号：ISBN 978-7-5217-0093-0
定　　价：49.00元

目　录

序言

我深爱群星，因此无惧黑夜。

——莎拉·威廉斯

（《老天文学家寄语》，1868年）

从记事起，我就被夜空深深地吸引着，这是我第一次热爱一种事物。小时候，大人们常常给我们讲一些童话故事，里面有小矮人、恶龙，还有女巫。但是在我的眼中，宇宙远远比这些童话故事更神奇。

一代又一代的天文学家为我们拉开了宇宙的帷幕，揭示它最深处的秘密。他们的发现令人叹为观止，不计其数的行星围绕着无穷无尽的恒星翩翩起舞，引力随着时间长河的奔流不息而不停地扭曲着空间。我们可以跟随原子的足迹，踏上从恒星的心脏到你的皮肤和骨骼的旅途。我们还向太阳系中的每一颗行星都发送了探测器，并在月球上的尘埃上留下了我们人类的足迹。

像宇宙这样巨大的尺度是令人望而生畏的，过去10年间，我一直在记录和谈论关于天文学的事情，却仍然觉得自己十分渺小。许多人都会打退堂鼓，因为他们认为学习天文学一定很困难，其实并不是这样的。这本书的目的就在于把广阔的空间拆解成易于理解的碎片，在这里你不会看到数学推导和专业术语，我只是想简单地向你讲述一下宇宙中那些最为迷人的景象。

我把一些我们尚未了解的问题和已经提出的猜测也一并写进了书中，不过回答一个问题的同时往往会引发出一些其他问题。我们仍不明白宇宙主要是由什么构成的，也不清楚宇宙中是否还存在其他生命形式。天文学家们仍在试图弄清楚我们所在的宇宙是否唯一，也还在探索时间和空间到底是怎样开始的。这些都属于一些较为基本的问题。

本书内容按照距离地球越来越远的顺序编排，从我们最早的天文发现开始，然后进入更广阔的太阳系，再前往更远的星系和宇宙边缘。我们的旅程将覆盖930亿光年的空间，横跨接近140亿年的时间。我精心地规划了一条线路，

以便你能将整个宇宙掌握在手中，并且在这一路上发现你
最感兴趣的东西。

　　那么，接下来就请和我一同踏上探索宇宙的旅途吧，
希望你也可以像我一样爱上这片夜空。

第 1 章

早期天文学

记录时间的流逝

很久以前，在我们的祖先看来，天空并不是行星、星系或者黑洞的住所，而是神的领地，它会给我们带来关于未来的预兆。一声霹雳可以用来表达上天的不满，一颗划过的彗星则是不祥的征兆。

不过，那时天空最重要的作用还是作为一座天然的时钟。在钟表、电脑和智能手机还远远没有被发明出来之前，我们的祖先发现天空本身运行的规律就可以指明时间。他们把太阳从升起到落下，再到下一次升起的循环周期看作"一天"，又把连续7天称为"一周"，并且用7个看起来和别的星星不一样的天体分别为之命名。

月亮的形状也在不断地发生着变化，在一段时间里先变大再变小，从一个小月牙变成耀眼的满月，然后再变回去。这样一次阴晴圆缺的变化大约需要30天，我们的祖先把这个周期叫作"一月"。随着时间的流逝，语言的不断变化让"月"这个单词最终丢失了一个字母（从moonth变为month）。同时，太阳的运动还遵循着一个更长的运行周期。每天早晨它会从东方升起，晚上从西边落下，每天正午它则会爬到这一天所在的最高处。不过，太阳每天正午时的高度并不总是一样的，持续观测几个月之后，你会发现太阳在天上画出了一个"8"字，这被我们称为"日行迹"。太阳画出一个完整的"8"字需要365天，古人把这个周期叫作"一年"。一年又可以分成4个季节，每个季节都有各自的气候特点。在春夏秋冬循环往复的同时，太阳则在天上沿着日行迹画着自己的"8"字。

10 000年前，我们的祖先建造了与自然规律相符合的巨大时钟。2004年，一个考古团队在苏格兰发现了一个大约存在于上述时间段的古老的石器时代遗址。到了2013年，他们弄明白了这片遗址为何建成这样。当年的工匠沿着50米长的圆弧挖了12个坑，每一个都代表一段完整的月相变化的周期（大约一个月），而这通常也就是一年的时间（偶尔当第一个满月出现在一月初时，一年中就会出现

图 1-1　在一年的时间里，太阳会在天上画出一个"8"字，
天文学家称其为"日行迹"

13个满月）。在那之后又过了5 000年，一些石匠在英国
索尔兹伯里平原建造了一大圈巨石阵。站在巨石阵中，你
会在正午太阳高度达到日行迹最高点的那一天（也就是夏
至日），看到太阳正好从某一块特殊的石头（踵石）上方
升起。

　　今天，我们已经处于数字时代，我们四处奔波、终日
忙碌，过着现代人的生活，却几乎对天空中的规律毫不关

心。但对于古代文明来说，这是测量时间的唯一办法。他们对于太阳和其他恒星运动的广泛研究构成了现在的我们组织生活的基础。

探索地球的形状

如果有人跟你说中世纪的聪明人都以为地球是平的，你可千万不要相信，2 000年前的人们就知道情况并非如此。在这一点上，我们应该感谢的是古希腊数学家埃拉托色尼（Eratosthenes），他在没有出过埃及的情况下就发现了这一点——地球是圆的。

埃拉托色尼在埃及一个叫塞伊尼（今阿斯旺）的城市发现，在夏至这一天的正午，太阳会直射人们的头顶。于是，他做了一个堪称天才的实验，他在800千米外的亚历山大城，第二年夏至的同一时间对太阳进行观测。怎么观测呢？埃拉托色尼在地面上竖起了一根木桩，然后观察它的影子。结果他发现，这一次太阳光并不是从正上方直直地照射下来，而是偏离了一些角度，约为7°。造成这种差异的原因在于地球表面是弯曲的，也就是说，太阳光照射每一个城市的角度是不同的。

不仅如此，埃拉托色尼还做了更进一步的工作。因为
800 千米的距离就能够使太阳光照射出现 7° 的偏差，那
么把 7° 放大成完整的 360°，便能估算出地球的周长为
41 000 千米（他在计算时使用的是一种叫作 "斯塔德" 的
古希腊长度单位，所以实际上得到的长度约为 250 000
斯塔德），这个长度与我们今天计算结果的误差范围为
10%~15%。也就是说，古希腊人不仅已经知道地球是圆的，
而且对地球有多大有了较深的了解。

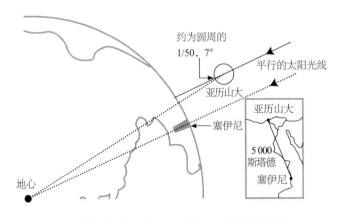

图 1-2　埃拉托色尼通过观察埃及不同地区太阳光照射的角度，
　　　　计算出了地球的大小

埃拉托色尼

　　埃拉托色尼是最早的博学家之一。在测量地球周长的同时，他也在地理、音乐、数学和诗歌等领域做出了重要贡献。他在当时就非常受人尊敬，曾受邀担任著名的亚历山大图书馆馆长。尽管这个图书馆最终被焚毁，但在鼎盛时期，它是全世界最大的古老知识宝库之一。

　　埃拉托色尼通过查阅很多重要的地图和书籍，整理出了一幅世界地图集，并依据气候将其划分为若干区域。他首次在地图上画出了坐标网格和经线，并标出了400多个城市的坐标。正是因为这项工作，他被尊为"地理学之父"。

　　埃拉托色尼的第二大成就应该是埃拉托色尼筛法——这是一种通过筛除一个素数所有的倍数，从而识别素数（素数只能被两个数整除——1和它本身）的方法。

　　为了纪念埃拉托色尼所做出的重要贡献，人们用他的名字命名了月球上的一座环形山。

　　其实，早在埃拉托色尼生活的时期之前，即使那时候的人们还对地球的大小不太清楚，但他们也知道地球的形状了。在发生月偏食的时候，地球的影子会投射在月球上（见第13页），人们很容易就能发现这个影子的边缘是一段曲线。据推测，中国的《周书》①记载了发生在公元前12世纪的一次月食，而古希腊剧作家阿里斯托芬在作品《云》中确切地记录了一次发生于公元前421年的月食。如果这两个文明中有人明白月食的成因是地球挡住了照射在月球上的太阳光的话，那么他们就能意识到地球并不是平的。接下来，让我们更加深入地了解一下"食"，即天体掩食现象。

日食

天体掩食现象其实在天空中时有发生，通常都是某个天体被遮挡在视线之外。我们主要见到的有两种：日食和月食。日食就是月球挡住了照向地球的太阳光，而月食则是地球挡住了大部分本应照向月球的太阳光。

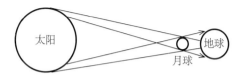

图 1-3　当月球挡住太阳的时候，我们就会看到日食

① 此处指先秦史籍《逸周书》，原名《周书》。——译者注

几千年来，人类一直都在对日食进行观测，我们对日食心存好奇，更对日食充满担忧。据说在4 000年前的中国古代，有一位叫姒中康[①]的君王处死了宫中两名未能预测日食的天文学家。在我们完全了解日食的原理之前，人们往往把它看作不祥的征兆，认为这是神在表达对人类所犯下的罪过的不满。

当月球把太阳严严实实地挡住的时候，我们就能看到最为壮观的日全食。虽然对于特定的某一个地方来说，发生日全食属于非常罕见的事情，但是放眼全球，每隔大约18个月就会发生一次日全食。而月球在空中掠过的速度很快，这导致这一奇观最长只能持续7分32秒。在一次日全食的过程中，最为壮丽的食的形状当属以一位19世纪的英国天文学家的名字命名的"贝利珠"。食既之前的最后一缕阳光和生光之后的第一缕阳光会穿过月球表面的环形山之后再到达地球，这就产生了令人惊叹的钻石戒指般的效果（见图1-4）。

在全食阶段，天空会明显变暗，温度也会下降，原本还在放声歌唱的鸟儿们也被白天突然消失的太阳给弄糊涂

---

① 姒中康，夏朝的第四任君王。——译者注

了，变得安静下来。但
是，日全食不仅仅是业
余天文爱好者们赞叹大
自然的奇妙的时刻，它
还是天文学家们进一步
了解宇宙的宝贵机会。
我们将会看到，有一些
对宇宙的里程碑式的突
破性发现正是建立在日

图 1-4　像钻石戒指一样的贝利珠

全食的观测基础上的（见第 1 章章末）。

　　然而，并非所有的日食都是日全食，通常月球只能遮
住太阳的一部分，就形成了日偏食，太阳看起来就像是被
"吃"掉了一块一样。还有一种日食，它的成因是月球和地
球之间的距离会有一些微小的变化，而当月球离我们很远
的时候，它看起来就显得比较小，即便月球运行到原本应
该发生日全食的位置也无法完全遮住太阳，我们根据拉丁
语中的"环"这个单词给这种日食起名叫"日环食"①。

　　值得庆幸的是，对于观测日食来说，我们现在所生活

———————————

① 　拉丁语 annulus，英语中为 annular，均为"环"的意思。——译者注

的时期很特殊。为什么这么说呢？因为在数百万年之前，月球离地球更近，于是就会更频繁地发生日全食，并且不会出现"贝利珠"的景象；而在未来，当月球离我们更远的时候，在我们看来它就会变得更小，从而有一天再也不能完全遮住太阳，也就是说，我们遥远的后代只能看得到日偏食和日环食。

月食

月球因为反射太阳光才能被我们看见，但是在月全食期间，太阳直射向月球的光都被地球给挡住了。也可以说，是月球走进了地球的影子——也就是本影。如果月球只从地球的一部分影子里面走过去，那么我们就会看到月偏食或者半影月食。

虽然在全食阶段，太阳的所有直射光都被地球挡住了，但是有一些光还是能间接地照亮月球。这是因为地球大气层可以折射地球周围的少量太阳光，令它们弯曲。我们通常所见的白光其实是7种颜色的复合光，地球的大气层把红色光弯折向月球的方向，而剩下的光则被分散到太空中，这导致了在月全食期间的月亮看起来是古铜色、橙色或红色的。如果空气中有火山灰的话，则会加剧这种效应，使月球呈现出更深的血红色；而如果地球没有了大气层的话，月全食的时候月球看起来就像在天空中暂时消失了一样。

与相对短暂又罕见的日食相比，月食持续的时间更长，而且发生得更频繁，因为对于比月球大很多的地球来说，想要挡住直射向月球的光线，可比月球挡住太阳那样的庞然大物要轻松得多。月全食可以持续长达 100 分钟，并且每一次月全食发生的时候，地球上大多数处于夜晚的人都能看见。

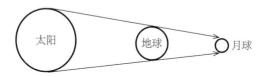

图 1-5　当月球躲到地球影子里的时候，我们就会看到月食

就像观测日食一样，几千年来，人们也一直观测着月食。早在公元前 2094 年，苏美尔人就开始在泥板书上对月食进行记载，并且还会在旁边附上对即将到来的厄运的预言——在古代，天体掩食现象往往都会跟迷信扯在一起，而最有名的一次月食发生在 1504 年，克里斯托弗·哥伦布

（Christopher Columbus）刚刚发现新大陆不久之后。由于木船在航行中被蛀虫给啃坏了，所以这位意大利探险家和他的船员们被困在了牙买加修理船只。

一开始，当地的原住民很迁就他们，但是随着停留的时间越来越长，哥伦布一行人变得越来越不受欢迎，甚至做出了一些类似于抢夺当地人的食物之类的事情，这彻底激怒了当地人。于是，在哥伦布一行停留的第6个月开始，当地的酋长就切断了他们的所有补给。正当哥伦布陷入绝望的时候，他突然想起自己的船上带了用于导航的星图以及天文事件年表。经过查阅，哥伦布发现在1504年2月29日会发生一次月食，于是哥伦布非常狡猾地告诉酋长，他和上帝一直保持着联系，而上帝对于船员们受到的待遇异常愤怒，于是决定用把月亮变成血红色的方式来降下天罚。于是，当这天晚上月食真的发生的时候，当地的这些原住民立马就又变得愿意合作了。

对此，哥伦布的儿子这样写道："他们怀着巨大的悲痛，嚎叫着从四面八方满载着食物向我们涌来，祈求着我们的船长代表他们向上帝求情。"这个故事告诉我们迷信有多么危险，而正确地了解宇宙如何运转又是何等的重要。

星座

在夜空中，我们除了月亮之外，能看到的就只有星星了。在晴朗的夜晚，你甚至能看到数以千计的星星。几千年来，世界各地的人类文明都在玩这种巨型的连线游戏，充满想象力地把这些星星"联结组合"，从而"发明"了所谓的星座。这种划分通常都很随心所欲，每个星座里面的星星除了在我们眼中看起来很接近之外，其实彼此间几乎没有什么关系。另外，很多星座其实跟它们的名字相去甚远，比如小犬座，说是一条小狗，其实只是两颗星星连成一条线，甚至连腿都没有，根本一点儿也不像狗。

造成这种现象的原因是，人们将一些神话故事投射到了星星上，他们把整个星空当作一本巨大的故事书，用它来讲述故事中英勇的王子、遇险的少女、虚荣的国王，还有神奇的飞龙。在印刷术还没诞生的时候，人类习惯于将神话故事口口相传，而星星就是记录这些故事的载体。除此之外，星星还是人类代代相传重要信息的方式。

古人注意到，星座的出现就像气候一样，会随着季节的变化而变化，著名的猎户座会在冬天霸占北半球的天空，直到天气转暖才逐渐销声匿迹。通过星空中的这种季节性

图 1-6 阿尔布雷希特·丢勒于 1515 年绘制的北半球星座木刻版画

线索，我们的祖先们掌握了播种和收获的时令。其实天文学知识也是一本代代相传的农业教科书，不过是通过讲述星星的故事来"上课"罢了，星座令记忆的过程变得更加简便。

现在，南半球和北半球加起来一共有88个星座得到了天文学家们的正式确认。北半球的星座名称有很大一部分都来自古希腊和古罗马的神话传说，比如著名的大英雄珀尔修斯和缪斯女神的坐骑飞马帕加索斯。而南半球的星座则大多是在大航海时代由第一批朝向那里航行的探险家发现的，因此它们的名字更多的是生活中能见到的东西，不像北半球星座那样充满幻想，比如显微镜、望远镜、航海设备、船、鱼，还有海鸟等。

无论是澳大利亚原住民还是中国人，是阿拉斯加的因纽特人还是印加人，每一个文明都有自己的星座系统，但是欧洲工业革命的爆发导致古希腊和古罗马的星座系统最终成为全球通行的标准。这些星座在几个世纪间发生过多次变化，最终国际天文学联合会（IAU）于 1922 年把它们全部永久性地正式确定下来。

现在的星座仍然只是人为划分的区域，而不是真的把相互间有关联的星星划分在一起。如果你出生在一颗并不围绕太阳，而是围绕着星空中的某一颗恒星公转的行星上的话，你看到的大部分星星可能还是在地球上看到的那些，只不过是从一个完全不同的方向上看罢了。既然这些星星的位置和地球上所看到的不一样，那么你的祖先一定会划分出与现在地球上所用的星座完全不同的星座。

黄道和黄道十二宫

其实在白天，星星们仍然都还待在天上，我们看不见它们只是因为太阳实在是太亮、太耀眼了，星星的亮度和它相比就像8万人体育场内大聚光灯下的一根蜡烛。不过，尽管白天看不见这些星星，我们也可以探讨太阳目前处于什么星座这样的问题。

与背景中的恒星相比，太阳每天会在天空中移动大约不到1°的距离，一年下来，便会在天上转完一圈，也就是360°，而太阳在天空中所走过的路径就叫作黄道。我们的祖先也注意到了这一点，早在公元前的第一个千年里，巴比伦人就在黄道上划分出了12个星座，正好对应一年中的12个月。哪怕你对天文学知之甚少，但你对这些星座的名字也有可能耳熟能详：白羊座、金牛座、双子座、巨蟹座、狮子座、处女座①、天秤座、天蝎座、人马座、摩羯座、水瓶座和双鱼座，这些就是所谓的"黄道十二宫"（zodiac②）中的12个星座。

---

① 　天文学中的"室女座"，占星术中一般称之为"处女座"。——编者注

② 　zodiac一词来源于希腊语，意为站成一圈的小动物。——译者注

古人总是会将星空和迷信联系在一起，他们常常认为天上发生的事情会影响自己手头的事情，这就是占星术的起源——认为天体运行的规律会对人们的生活产生影响，特别是当你出生的时候太阳位于什么星座，这对你的一生都会产生一定的影响。不过有了现代的天文学研究之后，我们知道这种说法是毫无根据的，天上的那些星星只是距离我们非常遥远的又大又热的气态球体而已。你出生那天的星星到底是什么样的，对你今后的生活或者性格能够产生的影响，可能就跟产房里花瓶摆放的位置，或

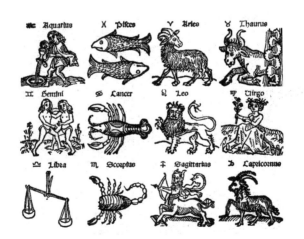

图 1-7　一幅 16 世纪的黄道十二星座木刻图，它们共同描绘出了一年之中太阳在天空中的足迹

者你爸爸将车停在医院停车场时车头是否朝北的影响差不多大。

不过，黄道和黄道十二宫在我们摒弃迷信、相信科学的道路上的确起到了举足轻重的作用。接下来我们将会学习到，观测黄道附近天体的运动对于我们抛弃那些陈旧的、毫无根据的想法，并颠覆我们对于自己在宇宙中的位置的理解起到了怎样至关重要的作用。

四处游荡的星星

在古人眼中，天上的星星分成三种。那些规矩地待在星座里面不会乱动的叫作恒星，也就是不动的星星。偶尔会有一颗流星，在天上划过一道绚丽的光彩。还有一种会四处游荡的星星，这种星星一共只有5颗[1]，它们不像别的星星待在原地，而是在黄道附近，穿行过一个又一个黄道星座。希腊人给他们起了一个名字，叫作"会动的星星"，根据这个名字，现在我们把这种星星称为"行星"。

在欧洲，人们用罗马诸神的名字来给这些不合群的星

---

[1] 这5颗分别是水星、金星、火星、木星和土星。

星命名：墨丘利、维纳斯、玛尔斯、朱庇特和萨图恩[1]。这些星星和太阳、月亮一样，在黄道星座中穿行，与那些安然不动的星星形成了鲜明对比，于是古人们用它们的名字来命名一周的7天（参阅表1–1）。从表格中我们可以发现，就算相隔甚远，但是人类各个文明的"一周"似乎都是7天，也就是说，几乎所有的文明都注意到了靠近黄道的这7颗与众不同的星星。毕竟，日、月、年这样的时间周期都是从天文观测中直接得到的，而"周"这个概念是人为定义的。

其实，太阳系中还有两颗行星——天王星和海王星——也在黄道附近运行，但是由于它们离太阳实在太远，以至于太过暗淡[2]，只有用望远镜才能看得到它们，所以古人并不知道它们的存在。不过，我们可以考虑一个很有趣的问题，如果人类进化出了更大更厉害的眼睛，就有可能用肉眼看见天王星和海王星，那么我们现在的一周很可能就是9天。

---

[1]　分别为代表水星的众神使者、代表金星的爱与美的女神、代表火星的战神、代表木星的众神之王、代表土星的农业之神。——译者注

[2]　行星不能自己发光，只能反射太阳光。——译者注

表 1-1　行星与一周时间的对应

英语	法语	西班牙语	对应天体
Monday	lundi	lunes	Moon（月球）
Tuesday*	mardi	martes	Mars（火星）
Wednesday*	mercredi	miércoles	Mercury（水星）
Thursday*	jeudi	jueves	Jupiter（木星）
Friday*	vendredi	viernes	Venus（金星）
Saturday	samedi	sábado	Saturn（土星）
Sunday	dimanche	domingo	Sun（太阳）

*英文名字来自北欧神话，所以与行星的名称并不对应。

　　如果你连续几个月甚至几年都坚持对行星进行观测的话，你会发现它们的行为有些古怪。它们会先沿着黄道朝一个方向运行，然后停下来，调转方向，倒着再走一段，这就是所谓的"行星逆行"。这种不寻常的行为可能只有完全了解天体运行规律的人才能解释。

托勒密与地心说

　　很多古代文明，尤其是古希腊人，会把他们已掌握的所有与天空相关的知识拼凑起来，最终得到一个宇宙的模型。他们知道地球是一个球形的物体，而太阳和星星看起来每天都会绕着地球旋转一圈。由于感受不到地球本身的移动，所以他们很自然地根据日常经验得出结论——我们生活在一个静止不动的地球上，太阳、月球、行星以及别的恒星都围绕着地球

图1-8　从1687年的图中可以看出，早期天文学家认为地球就是宇宙的中心，太阳绕着地球运行

旋转。这种把地球当作宇宙中心的理论就是地心说。

　　这种理论听上去很合理，它不仅符合人们对于天空的观察，也与宗教中有关创世主在宇宙的中心创造了地球的说法完美契合。当时，大多数人给出的模型就是在地球的周围环绕着一圈又一圈的轮子，而太阳、月球、行星以及恒星都位于这些轮上。由于月球在天空中移动得最快，所以它自然被安排在第一圈的轮子上，从月球往外则依次是水星、金星、太阳、火星、木星和土星，而在土星之外，就是那些星座中的恒星。

　　但是，这个模型的主要问题是，它很难解释行星逆行

的问题，为什么有的轮子会突然停下，然后朝别的方向转动呢？希腊数学家克罗狄斯·托勒密（Claudius Ptolemy）提出了一种解决方案，我们称为"托勒密模型"。他认为，行星在一个叫作本轮的小圆上面运行，而这个小圆又在一个叫作均轮的更大的轮子上运行（见图1-9）。当行星沿着本轮运行的方向与均轮的运行方向一致时，我们就能看到它沿着黄道朝着一个方向移动；而当行星沿着本轮运行的方

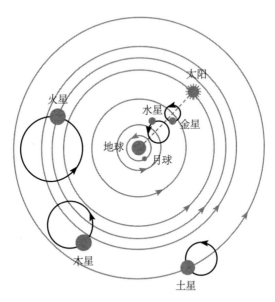

图 1-9 托勒密提出了本轮和均轮的概念以解释行星逆行

向与均轮运行的方向相反时，在我们看来它便是调转了方向。这个模型很巧妙，也相当符合天体运行规律，因此在1 000多年的时间里都没有遭到质疑。

克罗狄斯·托勒密（约100—170）

作为一个在天文学领域影响力跨越1 000多年的人，托勒密的生平在史书中却少有记载，留下来的只有他取得的一些成果。他居住在亚历山大城，这里当时是罗马帝国的一部分，现在则属于埃及。

在《行星假说》一书中，托勒密提出了"本轮说"，并尝试着计算过宇宙的大小。他认为地球到太阳的距离是地球直径的605倍（实际上约为12 000倍），地球到恒星的距离是地球直径的10 000倍（实际上超过30亿倍）。他在另一本天文学著作《天文学大成》中列出了48个星座（并非现在的88个），其中有很多我们今天仍在使用。

托勒密还是一位狂热的占星家，不过也有资料显示他认为生活环境会对一个人的行为和性格产生影响。他在音乐、光学、地理学等领域也颇有建树。与埃拉托色尼一样，月球上也有一个以托勒密的名字命名的环形山。

哥白尼与日心说

到了16世纪，托勒密模型在西方文化中已经变得根深蒂固，甚至对它产生一点儿质疑都会招致生命危险。自古希腊时代以来，基督教的势力席卷欧洲，其核心教义之一便是上帝在7天之内创造了整个宇宙，那么自然而然地，地球就应该是上帝创世的中心。所有提出反对意见的人都会被视为异端，那么又何必要提出自己的意见去惹麻烦呢？但是，中东地区的伊斯兰学者们并不受这些教条的约束，因此他们早在1050年就在托勒密的地心说中找到了一些漏洞。

其实在16世纪的欧洲，波兰有一位名叫尼古拉·哥白

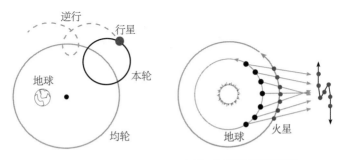

图 1-10　托勒密（左）和哥白尼（右）对行星逆行的不同解释

尼（Nicolaus Copernicus）的数学家就意识到，并不需要用本轮和均轮这么复杂的系统来解释行星逆行，我们只要把太阳放在中心，把地球当作一个围绕着它运行的行星之一就可以了。这就是日心说。

　　火星之所以会有明显的逆行，只不过是因为我们的地球在绕着太阳公转的过程中不断"追赶"①着它罢了。当地球在火星身后朝向它运行的时候，我们可以看到火星也朝向某一个方向前进着，但是一旦地球开始超越火星并继续向前运行，火星在我们看来就像是在倒退。16世纪的头10年，哥白尼开始记录自己的研究，并且将研究成果偷偷地做了一些备份交给了信任的朋友。1532年，他已经确定自己是对的，但由于害怕遭受迫害，哥白尼拒绝公开发表自己的作品。据说哥白尼只在临终前看到了一本自己已完成的书，不过这个说法的真实性还有待探讨。如果这个故事是真的，那么哥白尼一定知道自己的研究成果最终会出版。哥白尼在1543年平静地与世长辞，他留给后人的这本书——《天体运行论》——可以说是人类历史上最重要的著作之一。

---

① 理解为"超车"可能更形象一些。——译者注

《天体运行论》引发了一场神学危机。到 16 世纪末，意大利修士乔尔丹诺·布鲁诺（Giordano Bruno）成为支持日心说的领军人物，他不仅论证了地球绕太阳运行，而且还提出那些恒星只是距离我们很远的"太阳"而已，它们也都有自己的行星，甚至这些行星上有可能也存在生命。1600年，布鲁诺被宗教裁判所判为异端并烧死，一些历史学家认为布鲁诺在天文学方面提出的观点就是他众多"思想罪"之一。

其实关于地心说和日心说的争论，双方都缺少强有力的证据来证明自己的观点。一位来自丹麦的天文学家在努力探寻真相的过程中，提出了一种将这两种模型混合在一起的模型。

第谷·布拉赫

丹麦天文学家第谷·布拉赫（Tycho Brahe）是一个很古怪的人。在他成年后的大部分时间里，他都戴着一个黄铜做的鼻子，因为他在 20 岁时曾为了一个数学上的问题跟别人决斗，被人用剑把鼻尖削了下来。一些历史学家甚至认为威廉·莎士比亚（William Shakespeare）是以第谷为原型创作了哈姆雷特这个人物，剧中罗森克兰茨和吉尔登斯特恩这两个人物也与第谷的表兄弟同名①。甚至有可能整部《哈姆雷特》都在影射日心说与地心说之争，因为剧中角色克罗狄斯与克罗狄斯·托勒密同名。

我们所知道的是，第谷非常热爱天文学，并且也擅长于此，他对天空所做的测量比他之前的所有天文学家的测量都更精准。丹麦国王赠予了他一座小岛（汶岛，今属瑞典），并资助他建造了一座巨大的天文台。第谷称之为"观天堡"，是神话中负责掌管天文学的缪斯女神乌拉尼亚居住的城堡的名字。

观天堡中的社交活动可谓精彩，与在那里进行的天文观测一样著名。第谷雇用了一个名叫杰普的矮人小丑，杰普经常躲在桌子底下，然后再突然跳出来给客人们一个惊喜。第谷还在院子里养了一头温驯的麋鹿，但不幸的是，这头麋鹿有一天从一个敞口的啤酒桶内喝了很多啤酒，喝得酩酊大醉，从楼梯上摔死了。第谷本人的离世和这头鹿的遭遇相差无几。1601 年，第谷在布拉格参加一个极尽奢

---

① 这两个人物是《哈姆雷特》中的两位大臣，而在现实中都是丹麦贵族，应该是第谷的亲信而非兄弟。——译者注

华的宴会，尽管已经喝了很多酒，他却坚决不愿意离席去上一趟厕所。11天后，他最终死于尿毒症——血液中尿素含量超标，而他的膀胱都被撑破了。

在54岁意外离世之前，第谷在观天堡中非常仔细地用六分仪和四分仪（二者都是用于测量天体之间夹角的机械装置）测量并记录下了恒星和行星的运行规律，他的许多测量结果都能精确到1/60度。这些工作使得他要在地心说和日心说二者之间取一个折中的模型，因为他无法相信像地球这么庞大的东西也能动得起来。于是，在他提出的第

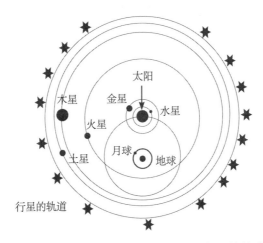

图 1-11　第谷提出了一种融合了日心说和地心说的模型，地球仍然是宇宙的中心，但是有一些行星围绕着太阳运行

谷模型中，太阳和月球围绕地球运行，而其他行星围绕太阳运行。就像托勒密的本轮一样，第谷用这个模型来解释行星为什么会逆行，这至少从理论上讲是可行的。不过，当时人们仍然没有足够的证据来确定托勒密、哥白尼和第谷这三个人所提出的模型中，到底哪一个才是对的。后来，一位来自荷兰的眼镜制造商一个偶然的发现永远地改变了天文学研究。

望远镜的发明

在此之前，所有的天文观测都是通过肉眼、六分仪还有四分仪来进行的。而在1608年，荷兰人汉斯·利伯希（Hans Lippershcy）发明了第一架望远镜，并且还为这种能使远处的东西看起来近在眼前的装置申请了专利。目前我们尚不清楚，利伯希是否真的是第一个制作出这种仪器的人，但在历史上我们往往都将其归功于他。其实在科学史上有很多重大的突破，比如阿基米德洗澡中发现浮力定律，以及艾萨克·牛顿（Issac Newton）被苹果砸到脑袋这一类故事，通常会为了体现这些人的洞察力而掺入一些虚构的成分，望远镜的发明也是如此。

据说让利伯希灵光一闪的那一刻，是他看到两个孩子在他的工作室里摆弄着一盒旧镜片。当人透过两块镜片看向远处的风向标时，它突然看起来变大了很多，于是利伯希运用这种原理制作了一个能把物体放大三倍的装置。几年后，希腊科学家乔瓦尼·德米西亚尼（Giovanni Demisiani）用希腊语中的"远"和"看"这两个字合成出了一个词语，也就是我们现在所用的"望远镜"来称呼这种新装置[①]。

但是，最后是一位意大利数学家令这项新发明发挥出了其真正的潜力，并且用它彻底击败了一个已经根深蒂固的观点。

伽利略与他的望远镜观测

1608年，意大利科学家伽利略·伽利雷（Galileo Galilei）在帕多瓦大学里教授数学。某次在威尼斯旅游时，他偶然间看到了一种新发明的复制品。这个来自荷兰的新

---

① 古希腊语中的 τῆλε（tele，远）和 σκοπεῖν（skopein，看）的合成词为 τηλεσκόπος（teleskopos），英文望远镜一词 telescope 亦由此演化而来。——译者注

发明在当时如同野火一般在整个欧洲蔓延开来。伽利略对它的设计进行了改进，很快就制成了一架放大倍率为8倍的望远镜（相比之下，利伯希制作出来的第一台望远镜放大倍率是3倍）。不久之后，伽利略又制作了一架放大倍率超过30倍的望远镜。

伽利略很快就发现托勒密是错的，我们并不是生活在一个以地球为中心的宇宙中。1609年1月7日，伽利略把望远镜对准了木星，结果发现木星的周围有3个小天体在绕着它转，不到一周后又发现了第4个。这就是木星的4颗最大的卫星，现在被我们称为"伽利略卫星"，很显然，它们既不围绕太阳运行，也不围绕地球运行。

真正关键的事情发生在1610年9月，伽利略发现金星和月亮一样也有阴晴圆缺，有时候它看起来像是一轮满月，有时候又像是一弯新月。另外，金星的大小也在发生变化，看起来像是在靠近我们之后又走远。如果像托勒密说的那样，金星和太阳都绕着地球运行的话，那么金星就不可能会有相位，因为在托勒密模型中，金星不可能位于太阳和地球之间——但这又是金星发生相位变化的必要条件。只有在第谷和哥白尼的模型中才有可能发生这样的情况：当金星位于太阳和地球之间时，由于大部分的太阳光都落在地球望向金星的背面，这时候金星看上去就会很暗；而当金星距离地球最远的时候[①]，金星朝向我们的这一面就会被完全照亮。

尽管有很多证据表明托勒密提出的传统的地心说模型是不成立的，但是如果你公开支持日心说的话，还是会惹祸上身。在伽利略用自己的观测结果来表明对哥白尼的支持之后，他激怒了宗教势力。他们提倡的是第谷提出的模型，这既可以解释金星相位的问题，又符合宗教对于地球应该是宇宙中心的需求。1616年，一个宗教裁判所宣布日心说与《圣经》相悖。1633年，伽利略受审并被判为"异端"，之后被处以软禁。直到1642年77岁的伽利略去世之前，他一直都在写一些争议较少的科学领域的重要作品。最终，教会还是赦免了伽利略，不过那已经是1992年的事情了。

伽利略还为一些月球表面的山脉绘制了图片，并根据阴影的长度来估算它们的高度。他对这个世界的认识达到了前人从未达到过的高度。伽利略还是第一个观测到土星环的人，他将其描述成从土星两侧伸出来的"耳朵"。他甚

---

① 即太阳处于金星和地球之间时。——译者注

至还观测到了太阳表面的黑子，还发现银河并不是一团气体而是由密集的恒星组成的。

约翰尼斯·开普勒与其行星运动定律

德国数学家约翰尼斯·开普勒（Johannes Kepler）早在伽利略进行观测之前，就是哥白尼模型第一批也是最激进的倡导者之一。在1600年成为第谷·布拉赫的助手之后，他就很想从行星围绕太阳运行的观测数据中归纳出一套数学模型，但由于第谷对自己的数据看得很紧，开普勒只被允许取用其中的一部分来进行研究。一年后，第谷离世，这使得开普勒通过继承轻松地得到了第谷的所有研究成果，这件事让一些历史学家认为第谷的死是一场阴谋。1901年，第谷的遗体被挖掘出来之后，人们在其中发现了水银残留的痕迹。第谷真的死于膀胱衰竭吗？还是说开普勒为了得到观测数据而毒杀了他？毕竟我们只能从开普勒的日记中看到第谷之死的记载。不过，在2010年第谷的遗体又一次被挖掘出来，根据这一次的测验结果来看，第谷体内的水银含量不足以致死。

第谷死后的10年里，开普勒通过他的观测数据总结出了著名的行星运动三大定律。

开普勒第一定律：每颗行星沿各自的椭圆轨道环绕太阳，而太阳则处在椭圆的一个焦点上。

开普勒发现，行星围绕太阳运行的轨道并不如同古人或者哥白尼所想的那样是正圆，而是椭圆形的。椭圆有两个"焦点"——这在数学上是曲线中很重要的点，太阳就在其中一个焦点上。

开普勒第二定律：太阳系中太阳和运动中的行星的连线在相等的时间内扫过相等的面积。

由于行星在椭圆轨道上运行，所以有的时候它会离太阳近一些，有时又会远一些。开普勒注意到，太阳和行星之间的连线扫过一样大的面积所花费的时间是相同的（如图1–12所示）。简单来说，就是行星离太阳越近，其运行速度就越快。

开普勒第三定律：绕以太阳为焦点的椭圆轨道运行的所有行星，其各自椭圆轨道半长轴的立方与周期的平方之比是一个常量。

大家都有一个常识，那就是行星离太阳越远，那么它运行一周的时间就越长——水星绕太阳运行一周所需时间较短，是因为它的轨道长度最小；土星绕太阳运行一周所

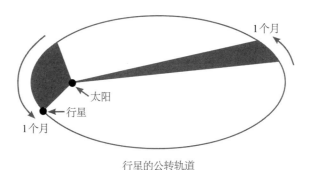

图 1-12 开普勒认为，行星绕日公转的轨道是椭圆形，
并且在靠近太阳时会加速

需时间长，是因为它的轨道长度较大。而开普勒的这一发现，其重要之处在于揭示了两者之间的数学关系。基于对第谷精确的观测数据的分析，开普勒注意到行星公转周期的平方和行星与太阳之间距离的立方有关。

不过，开普勒的行星运动定律还只是属于经验法则——基于直接观测归纳出结论，而不是根据理论一步一步推导证明得来的，也没有解释清楚为什么行星会绕着太阳运行。1666 年，人类对于这个问题有了更深刻的理解，这一年一位英国数学家因为瘟疫爆发、学校关闭而不得不离开剑桥。[①]

---

① 1665 至 1666 年，英国爆发瘟疫。——译者注

据说，当时这位年轻人坐在母亲的花园里，突然一个苹果砸到了他的头上。

艾萨克·牛顿和万有引力定律

这个苹果的故事看上去似乎还像那么一回事儿，不过那个苹果可没有砸到艾萨克·牛顿的头上，至少一部流传甚广的传记《艾萨克·牛顿爵士生平回忆录》（1752）里不是这个版本。这部传记的作者——威廉·斯蒂克利（William Stukeley）——某次晚餐后与牛顿一起在花园中喝茶，这位著名的科学家告诉他，自己是看到一个苹果掉在地上后想到的万有引力理论。

牛顿的主要观点是，宇宙中的每一个物体都会受到别的物体对它产生的引力。苹果就是被地球吸引着所以才会掉落到地上，但是如果这个苹果的位置足够高，并且还有足够快的速度，那么它就会开始绕着地球运行而不是撞到地上。牛顿的巨大突破在于，月球绕地球运行的原因与苹果从树上落下的原因是相同的——都是因为两个物体之间存在引力。

牛顿将他关于万有引力的观点写入了《自然哲学的数

学原理》(简称《原理》),书中还有很多其他非常重要的见解,比如著名的三大运动定律。牛顿在书中指出,两个物体之间的引力大小与它们之间的距离的平方成反比。也就是说,如果你把两个物体之间的距离加倍的话,它们之间引力的大小就会下降到原来的1/4;如果物体间距离增加到之前的三倍,引力大小则会下降到原来的1/9。牛顿用自己的万有引力定律和运动定律成功地证明了开普勒的行星运动定律,而这也让他的理论显得很可靠。他有力地向世人表明:"我知道为什么行星会绕着太阳运行,并且我也能够证明这一点,因为我得出了和开普勒一样的结果。"

以开普勒第二定律为例——行星和太阳的连线在相等的时间间隔内扫过相等的面积,即行星离太阳越近时运行速度越快,离太阳越远时运行速度越慢。牛顿对此给出的解释是这样的:两个物体靠得越近,它们相互之间的引力就越大,反之引力就越小。当一颗行星靠近太阳时,引力就会增强,于是它就加速了;而当这颗行星远离太阳的时候,引力就会减弱,于是它就减速了。

但是,牛顿的这部巨著差点儿就没能印刷出来,因为当时的英国皇家学会在出版《鱼类史》一书时虚报了预算,导致经费不足。于是,牛顿的好友、天文学家埃德蒙·哈雷

（Edmund Halley）决定个人出资出版这本书，这也确保了有史以来最重要的一本书得以大放异彩。

艾萨克·牛顿与光学

在研究引力的同时，牛顿对光和棱镜也产生了很大的兴趣。其实用这些玻璃块做实验也不是什么新鲜事了，人们早就知道白光可以产生很多种颜色，但是大家都以为是光穿过棱镜的时候被染上了颜色，而光本身应该是纯白色的。

牛顿通过一个十分简单且巧妙的实验发现了真相。1666年，牛顿找了一个晴天，在窗户上戳了一个洞之后拉上窗帘，只放一缕阳光进入房间。然后，牛顿在这束光的路径上放了一块棱镜，看到这束光经过棱镜后成了一道彩虹。这个实验的巧妙之处体现在，牛顿在这道彩虹的后面又放上了第二块倒转过来的棱镜，结果第二块棱镜果然如他所料把彩色光重新组合成白光。这表明，彩色光根本不是被棱镜染上的颜色，白光本身就是由多种颜色的光混合而成的。用棱镜可以把白光分解成彩色光，也可以把彩色光再组合成白光。牛顿于1672年发表了这项研究成果。

现在天文学中的许多领域都是以光的这种性质为基础的，我们将在后面的章节中看到天文学家们一次又一次地依靠它来解决问题。

反射式望远镜

牛顿在1668年设计了一种新型的望远镜。之前的望远镜是折射式的——它们使用透镜来弯曲或折射光线。而牛顿的反射式望远镜解决了折射式望远镜中所存在的最大的问题之一——色差。色差产生的原因在于透镜也会像棱镜一样把白光分解成彩色光，这样一来，不同颜色的光就无法聚焦在同一点上。

在反射式望远镜中，光线从顶部进入，然后在底部的曲面镜上反射回镜筒内，再通过一个平面的副镜反射到目镜所在的一侧聚焦成像。

我们现在所使用的最大的望远镜就是反射式望远镜，因为折射式望远镜的大小会受到限制。其受限制的原因在于，光线要通过两个透镜，这就意味着两头的透镜都需要支撑，如果做得太大，透镜就会因为太重而在重力作用下沉陷，使得聚焦能力下降。但是，反射式望远镜只是在底部有一面大大的镜子，所以只要把底部的承重做好就可以了。世界上最大的折射式望远镜直径也只有一米，而最大的反射式望远镜的直径已经有10多米了。

罗默与光速

17世纪末是我们认识光的革命性时期，除牛顿发现了有关颜色从何而来之外，还有一位来自丹麦的天文学家奥勒·罗默（Ole Römer）对光的传播速度进行了研究。

17世纪70年代，巴黎皇家天文台派出了几位天文学家前往第谷·布拉赫位于汶岛的观天堡天文台对伽利略卫星进行观测，他们观测的重点是这几颗卫星被木星遮挡后从视野中消失的那一刻。当时的罗默是法国天文学家让·皮卡尔（Jean Picard）的助手，后来凭借着在观天堡的工作经验，罗默在巴黎天文台找到了一份工作。

对伽利略卫星的观测带来了一个棘手的难题：木星卫食[①]发生的时间总是和用牛顿力学计算得出的时间有所

———————————

[①]　木星卫食，即木星的卫星被木星遮挡的现象。——译者注

偏差。1676年，罗默在巴黎天文台台长乔凡尼·卡西尼(Giovanni Cassini)已做工作的基础上提出了一个对这个问题的解释。之前人们总是认为光速是无限的——光可以瞬间从A点传播到B点，但是木卫食发生的时间总是出现偏差——当地球和木星距离很近时，木卫食会提前发生；反之当地球和木星距离很远时，木卫食则会推迟发生——这说明，光的传播也是需要时间的。罗默计算出，光走过太阳到地球这么长的一段距离大约需要11分钟，也就是说光速大约是220 000 000米每秒。

　　现在，我们知道光速是299 792 458米每秒，所以罗默和卡西尼计算得到的结果其实相差不大。不过，最重要的倒不在于他们得出的数值是多少，而是他们最终证明了光速是有限的——光也需要时间才能到达目的地。由于光速实在是太快了，所以我们在日常生活中很难注意到这一点，只有放到天文学的尺度上，才能引起注意。我们在后面会多次提到这一点。

　　在宇宙中，我们最常用的距离单位是光年，也就是光一年所走过的距离。光以299 792 458米每秒的速度行进一年，可以走9.46万亿千米。离我们最近的恒星大约在40万亿千米之外，也就是4.2光年。而对于一些距离比较近的天体我们可以用光时、光分甚至是光秒。比如冥王星距离地球5.3光时，太阳距离地球8.3光分，而月球距离地球只有1.3光秒。

哈雷与彗星

17世纪70年代，法国国王和英国国王出于利用星星帮助航海的目的设立了皇家天文台。在英国，格林尼治天文台的台长会被授予"皇家天文学家"的称号。在1719年第一任皇家天文学家约翰·弗拉姆斯蒂德（John Flamsteed）逝世后，这一职位由其助手埃德蒙·哈雷接任——就是他个人出资帮助牛顿出版了《原理》一书。

哈雷之所以愿意帮助牛顿出版这本书，是因为他亲眼看到了牛顿的能力。1684年，也就是《原理》出版的3年前，哈雷去拜访牛顿，他们俩对于引力以及引力和彗星——绕着太阳运行的不断翻滚着的冰晶碎片团（不过当时人们对其并不怎么了解）——之间的关系进行了讨论。1680年，一颗名为"柯尔克"的彗星壮丽地划破天际。牛顿根据弗拉姆斯蒂德的观测数据计算出，这颗彗星也遵守开普勒定律——它的运行轨道是椭圆形，并且在靠近太阳的过程中加速——所以它一定也像行星一样受到太阳引力的影响。

1705 年，哈雷在牛顿理论的基础上，发表了《彗星天文学论说》。由于已经能够确定彗星绕着太阳运行，因此他在书中指出，出现在 1682 年、1607 年和 1531 年的三颗彗星实际上是同一颗彗星的三次回归，并预测了它在 1758 年会再次回归。然而，哈雷逝世于 1742 年，他并没有看到这颗彗星的这次回归。为了纪念他，我们现在把这颗彗星叫作哈雷彗星。

天文学家和历史学家们带着这些关于彗星的新知识回顾历史后，发现了许多不同历史时期的世界各地的文明对于同一颗彗星的记载。比如，公元前 5 世纪的希腊和公元前 3 世纪的中国都观测到过哈雷彗星，甚至它还出现在了贝叶挂毯①上。哈雷彗星上一次造访地球是在 1986 年，预计将于 2061 年再次回归。

布拉德利与光行差

尽管伽利略、开普勒、牛顿和哈雷都做了一系列工作，

---

① 贝叶挂毯，创作于 11 世纪，其上绣有黑斯廷斯战役的前后过程，现藏于法国贝叶博物馆。——译者注

但我们还是不能确定第谷模型和哥白尼模型到底哪一个是对的，因为还没有出现一个无可辩驳的证据能够表明地球实际上在围绕着太阳运行。

巴黎的皮卡尔还有格林尼治的弗拉姆斯蒂德，都有注意到北极星——就是那颗似乎无论何时都停留在同一个位置的星星——的位置实际上会在一年的时间里来回变动。哈雷的继任者是詹姆斯·布拉德利（James Bradley）[1]，这位天文学家提出的观点彻底宣告了地心说模型的破产。

图 1-13　当你在雨中行进的时候，雨水看起来就像是倾斜着落下来

我们可以把星光想象成洒落的雨滴，当你打着伞在雨中向前走的时候，你会觉得雨好像是从前方倾斜着落下的。

---

[1]　第三任皇家天文学家。——译者注

但实际上，雨滴是从正上方落下的，你之所以感觉到这种现象是你处于运动之中。同样地，地球在轨道上运行时也相当于从"星光雨"中穿过，并且在轨道的两端运行的时候，穿过星光的方向也是相反的。正是这种效应——现在被称为"光行差"——导致夜空中星星的位置在一年之中来回变动。第谷模型中的地球是静止不动的，根本不会产生这样的现象，所以最终由布拉德利于1729年向我们证明，哥白尼提出的日心说模型才是正确的。尽管如此，一直到1758年，天主教会仍一直将宣传日心说的书籍列为禁书。

金星凌日

当天文学家确定了地球只是众多行星中的一颗之后，他们的工作重心开始转向计算地球和太阳之间相隔的距离。在18世纪，完成这项工作唯一的途径是观测一种叫作金星凌日的非常罕见的天象。这种天象有点儿像迷你版的日食，指金星从太阳的正前方经过的时候，我们在地球上会看到太阳表面有一个小黑点在缓慢移动着。

如果从地球上两个不同的地方观测（两处相隔越远越好）就可以发现，由于观测的角度不同，金星凌日在这两个地方开始和结束的时间会有一些不同。哈雷认为我们可以利用这个时间差计算出地球和金星之间的距离，然后运用开普勒第三定律就能得到地球到太阳的距离。

　　然而，由于金星距离我们比较远，所以看起来很小，如果没有望远镜的话就很难成功观测这种天象。金星凌日以两次凌日为一组，每组两次凌日之间的间隔是8年，而下一组金星凌日则需要再过一个多世纪才会到来。

　　约翰尼斯·开普勒通过自己提出的行星运动定律进行计算后，在人类历史上第一次预测了1631年的金星凌日。他预测的结果是对的，但是这次凌日发生时欧洲还处于夜晚，所以没有人对它进行观测。英国天文学家杰里迈亚·霍罗克斯（Jeremiah Horrocks）成功地预测了1639年的金星凌日，并且在他位于普雷斯顿附近的家中进行了观测。他是第一个观测到金星凌日的人。埃德蒙·哈雷在1691年提出了利用金星凌日的观测数据来计算日地距离的方法，但天文学家们只能等到1761年和1769年这两次金星凌日之时再进行观测。

　　这次测量的重要性以及测量时机的稀缺性，使得18世纪的天文学家必须竭尽全力地把握这100多年中仅有两次的机会。欧洲的天文台在全世界范围派遣了多个天文小组观测1761年和1769年的两次金星凌日，为了防止受到天气的影响，他们设立了非常多的观测点，这样即使有的小组遇到了阴雨天，还会有别的小组得以成功观测。

英国皇家学会还委托了英国皇家海军的詹姆斯·库克船长（Captain James Cook）驾驶奋进号前往大溪地观测1769年的金星凌日。不过除了观测之外，库克还随身携带了英国政府的密函，里面安排了他在观测结束之后的秘密任务——在太平洋上寻找传说中的尚未被发现的大陆[①]。库克于1770年4月29日在博塔尼湾（位于现在的悉尼）登陆，并将这里变成了欧洲人在澳大利亚大陆上的第一块殖民地。

当时的天文学家由塔希提岛得到的观测数据推断出日地距离为93 726 900英里（150 838 824千米），而我们今天知这个数字应该是149 600 000千米，可见尽管条件有限，但是18世纪的天文学家还是计算出了相当接近的结果。

计算世界的重量

天文学家们还想知道行星到底都有多重，但在18世纪，

---

① 即南极洲，但是这一次航行最终只发现了新西兰岛。——译者注

人们连地球的质量都不知道，在彗星研究领域颇有建树的埃德蒙·哈雷甚至认为地球是空心的。而他的另一位继任者，皇家天文学家内维尔·马斯基林（Nevil Maskelyne）[1]在1774年证明了事实并非如此。

自从牛顿发表《原理》后，我们就知道宇宙中的每一个物体都会受到引力的影响，并且两个物体之间靠得越近，则引力越强。牛顿本人曾尝试用引力来计算地球的重量，他设想在一座大山的旁边放上一个单摆，其尾部的摆锤会受到三种力的影响：来自大山的引力、来自地球的引力，以及拉住它的绳子上的张力，这个实验的结果应该是本应竖直垂下的摆锤将朝向大山的方向偏转一个很小的角度。在这里，大山还有地球对摆锤的引力的合力应该等于绳子上的拉力，所以只要测算出这座山的质量，再量出摆锤偏转的角度，就可以用牛顿方程计算出地球的质量。

不过，后来牛顿认为测量摆锤的偏转角过于困难，几乎无法完成，于是从实事求是的角度出发否定了这个实验。但是，马斯基林接下了这项任务，他选择了位于苏格

---

[1]   第5任皇家天文学家。——译者注

兰的希哈利恩山——这是一座锥形且相当对称的山。而计算圆锥体的体积是很容易的，因此我们只需要知道这座山的密度就能计算出它的质量。马斯基林在山的两侧都设立了观测点，在克服了恶劣天气带来的重重困难后，他最终以恒星为参考点测量出了摆锤的偏转角。随后，测量员查理斯·赫顿（Charles Hutton）开始计算这座山的体积，为了更便捷地计算，他把山分成若干部分，并以此发明了等高线。

最终，马斯基林的实验团队计算出地球的平均密度为4.5克每立方厘米（现在我们所知的数值为5.5克每立方厘米），而希哈利恩山的平均密度只有2.5克每立方厘米，所以地表下一定有比山要重得多的物质——也就是说地球不可能是空心的。在此之前，天文学家们只知道太阳、月球以及别的行星的密度和地球密度相比起来的倍数，而现在有了地球的密度，他们就能根据这个数值计算出太阳系中所有其他大天体的密度和质量了。可以说通过苏格兰的这一座山，我们就知道太阳周围这一圈天体质量的大致范围了。

表 1-2　太阳系天体的质量与密度

天体名称	质量	密度
地球	$5.97 \times 10^{24} \, \text{kg}$	$5.5 \, \text{g/cm}^3$
	与地球相比的倍数	
太阳	333 000	
月球	0.01	0.61
水星	0.06	0.98
金星	0.82	0.95
火星	0.11	0.71
木星	317.8	0.24
土星	95.2	0.13
天王星	14.5	0.23
海王星	17.1	0.30

赫歇尔与天王星

1781 年 3 月 13 日，威廉·赫歇尔（William Herschel）的发现在一夜之间把太阳系的已知范围扩大了一倍。他在位于英国巴斯镇的家中发现了一颗新行星，它距离太阳比土星到太阳要远上一倍。其他所有的行星都是古人早已观测到的，这是第一颗被"发现"的行星。后来经过对比才发现，许多天文学家——包括格林尼治天文台的几任台长——都曾观测到它，但是由于它在黄道上移动得太慢，所以一直被误认作一颗恒星。赫歇尔第一次观测到这颗行星的时候还以为它是一颗彗星，但是随着观测次数增多，他逐渐发现了真相。

然而，人们花了将近一个世纪最终才对这颗新行星的名字达成一致。作为它的发现者，赫歇尔自然是拥有命名权的，但是他选择了以英王乔治三世（后任命赫歇尔为自己的私人天文学家）的名字将其命名为"乔治"，这个名字显然在其他国家并不是很受欢迎。1782 年，一些人提出用希腊神话中的天空之神乌拉诺斯的名字给它命名——"天王星"——似乎还不错，因为在神话故事中，乌拉诺斯是克洛诺斯①的父亲，而克洛诺斯又是宙斯②的父亲。不过直到 1850 年，"天王星"这一名字才受到广泛认可。这个名字显得有些特立独行，因为其他所有的行星（除了地球之外）

①　克洛诺斯，在罗马神话中的名字叫作萨图恩，也就是土星。——译者注
②　宙斯，在罗马神话中的名字叫作朱庇特，也就是木星。——译者注

都是用罗马神话中神的名字来命名的，而天王星是唯一一个以希腊神话中的神命名的行星。

赫歇尔与红外线

1800年，赫歇尔又做出了一个比发现新行星更加重要的新发现：他发现了一种新的光。

和一个多世纪前的牛顿一样，赫歇尔也用棱镜做了很多实验。那时候，他在思考这样一个问题：光的颜色会不会与温度有什么联系呢？于是，他在用棱镜分解太阳光之后，将温度计放置在光谱中的不同位置，结果在红色的这一端测量到了最高的温度。接下来，赫歇尔又做了一项了不起的实验：他把温度计移动到红光之外看起来并没有光照射的地方，结果温度计显示这一区域的温度比光谱上的任何一个地方都要高。

赫歇尔认为，在光谱上红色的这一端之外的地方，一定还有一些看不见的"热射线"。而他在随后的实验中发现，这种射线的性质与普通的光线完全相同。这种热射线就是我们现在所说的红外线，这是一种由有热量的物体发出的不可见光——所以，现代红外摄像机可以在战区、灾区以及警察追捕逃犯时用于采集热信号。

赫歇尔首次发现了有一种光是我们用肉眼看不见的。这就像是有些声音的频率过于低或者过于高，以至于人耳听不见它们；光也是这样，一旦其频率太高或者太低超出了人眼的感知范围，那么我们就会看不见它们。现代的物理学家把光谱扩展成了全频率的电磁波谱，从低频率的无线电波和微波，到红外线和可见光，再到紫外线、X 射线和伽马射线，尽在其中，天文学家们把这些都叫作光。

早期的望远镜对于我们肉眼所能看到的光线（也就是可见光）的收集能力都很强，而现在天文学家所使用的望远镜可以观测从无线电波到伽马射线各种频率的光，因为如果我们局限于可见光的话，就会错过很多从太空中抵达地球的信息。

2009 年，欧洲航天局发射了有史以来最大的远红外线太空望远镜，为了纪念赫歇尔在这一领域的杰出贡献，欧洲航天局将这架望远镜命名为"赫歇尔"。

海王星的发现

如果说天王星的发现是一个意外收获的话，那么海王星的发现则可以称得上是一次深思熟虑的计划了。天文学家在天王星被发现之后的几十年里对它进行了仔细的观测，并从中发现了一些不对劲儿的地方：这颗行星的运行轨道总是和用开普勒以及牛顿提出的方程式计算出的轨道有一些偏差。

不过，人们很快就意识到开普勒定律和牛顿定律并没有错，这种现象出现的原因在于，在比天王星更远的地方还有一颗行星在影响着它的运行轨道。当天王星接近这颗行星的时候会被它的引力向前拉，于是就会加速；反之，天王星在远离它的时候又会被向后拉，速度便会减慢。

法国数学家于尔班·勒威耶（Uranus Le Verrier）利用开普勒和牛顿的公式计算出了这颗不老实的行星当时的位置。勒威耶把他的计算结果发送给了住在柏林的德国天文学家约翰·加勒（Johann Galle），当加勒把望远镜指向勒威耶计算的位置之后，发现海王星正好就在那里（与勒威耶计算的坐标相差不到1°）。事后看来，其实海王星和天王星一样被观测到过多次，但是它缓慢的速度使得人们无法将其与恒星区分开。

爱因斯坦与狭义相对论

1905年，阿尔伯特·爱因斯坦（Albert Einstein）发表狭义相对论，$E = mc^2$ 出现在世人面前，这是科学史上最为著名的方程式，它告诉我们质量和能量之间是可以相互转化的。用一个物体的质量（m）乘上光速（c）的平方，便可以计算出这个物体所拥有的总能量（E）。

爱因斯坦在1905年做了一大堆工作——他还发表了另外两篇里程碑式的论文，他在其中一篇里提到了光是由称为光子的粒子组成的，后来他在1921年凭此获得了诺贝尔物理学奖。爱因斯坦取得这样的成果绝非易事，因为当时的他仅仅是一个在瑞士伯尔尼工作的专利员，几乎是学术圈的门外汉。

狭义相对论把奥勒·罗默对于光的研究又向前推进了一步，爱因斯坦认为光速不仅是有限的，同时也是宇宙的速度极限，没有什么能在宇宙中运动得比光还快，这可以从 $E = mc^2$ 中推导出来。物体移动得越快，其获得的能量也就越大。但是，这条公式告诉我们，能量增加的同时质量也会增加，也就是说质量会随着速度的增加而增加。当物体变得更重了之后，想要把速度再次加快就需要更多的能量来推动，而当物体的速度再次加快之后，它又会变得更重……这样下去的结果就是，这个高速运动中的物体最终会重到需要无限大的能量才能让它变得更快。而这时，它的速度就是光速。

爱因斯坦与广义相对论

提出狭义相对论之后，爱因斯坦似乎还不满足。于是，他在1915年又发表了广义相对论，并且用它彻底颠覆了我们对于引力的看法。

牛顿认为引力是真空中大质量的物体之间产生的拉力，并以此解释为什么地球会绕着太阳转。而爱因斯坦则认为，之所以会这样是因为太阳改变了地球周围空间的形状，他把空间的三个维度和时间这一个维度合并到一起形成了一个四维结构，他称之为"时空"，并且认为大质量的物体会将其扭曲。

我们可以用一张四角紧绷的床单来形象地理解时空的概念。在中间放上一个保龄球代表太阳，这样一来这张床单就会下沉形成一块凹陷——或者说是一口井。这时，再用一个网球来代表地球，让它在这口井的边缘滚动，它就会一直围绕着中间的保龄球转动（见图1–14）。

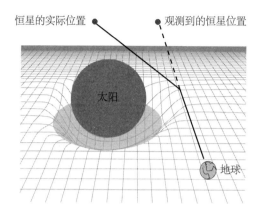

图 1-14　爱因斯坦提出，大质量物体会扭转一种叫作时空的四维结构，并且会使远处恒星发出的光发生弯折

阿尔伯特·爱因斯坦（1879—1955）

　　作为科学家，阿尔伯特·爱因斯坦的大名对普通人来说可谓如雷贯耳，直到现在世界各地的衣服、海报、马克杯上都还印着他的面孔。爱因斯坦提出的理论至今仍具有重要意义，在狭义相对论和广义相对论发表之后的100多年中，物理学家仍在不断地发现新证据来支撑它们。无论最终其理论是否正确，爱因斯坦白发苍苍、不修边幅的模样已经成为天才科学家的典型形象了。

他的个人生活同样多姿多彩。1903年，他娶了他在物理系的同学米列娃·马里奇（Mileva Marić），但婚后不久他就开始和自己的表姐艾尔莎发生了婚外情。1919年，和米列娃离婚后，爱因斯坦迎娶了艾尔莎，这段婚姻一直持续到1936年艾尔莎离世。据说，艾尔莎的离世令爱因斯坦悲痛欲绝。

作为一个出生在德国的犹太人，在希特勒掌权后爱因斯坦就离开了德国，他选择留在美国，并在1940年加入了美国国籍。1952年，爱因斯坦被提名为以色列总统，不过他拒绝了。1955年，爱因斯坦因大动脉瘤破裂逝世，但是在遗体解剖的过程中，他的大脑被医生擅自摘除，希望用于智力相关的进一步研究。

天文学家们早就发现用牛顿力学很难解释一些水星轨道上的怪事[①]，而用爱因斯坦提出的"时空弯曲"这一概念却能完美地解释这些事。不过，我们还需要利用日全食提供的独特环境来从另外一个问题中检验这个观点。

---

① 指根据牛顿的万有引力定律计算出的水星近日点进动值与观测得到的数据之间有所差异。——译者注

　　爱因斯坦和牛顿都认同太阳的引力会使遥远的恒星发出的光线发生弯曲，但他们的分歧在于弯曲的程度。于是，英国天文学家阿瑟·爱丁顿（Arthur Eddington）于1919年前往远在非洲的一座小岛——普林西比岛——探寻真相。通常，我们在白天是看不见太阳周围的星星的，然而日全食期间月球会把太阳发出的强光尽数遮挡，于是爱丁顿利用这次机会拍摄了太阳附近的星星。

　　果然，这些星星的位置有所偏移，而且恰好位于爱因斯坦所预测的位置上，它们发出的光的确受到了由太阳引起的时空弯曲的影响，沿着一条弯曲的路径前行，于是在我们的眼中它们偏离了原本所处的位置上。广义相对论经受住了各种各样的考验，迄今为止仍是我们已知的最接近真相的引力理论。

第 2 章
太阳、地球与月球

太阳

太阳是由什么构成的?

我们要怎么弄清楚一个离我们1.5亿千米之外的物体——特别是像太阳这样一个又炎热又明亮、只要靠近它就会被烧焦的物体——是由什么构成的呢?像天文学中研究的大多数天体一样,我们利用太阳发出的光来寻找答案。

在第1章中,我们见到了如何使用棱镜将白光分解成不同颜色的光谱。在19世纪初,德国物理学家约瑟夫·冯·夫琅禾费(Joseph von Fraunhofer)发现太阳的光谱是不连续的,上面有500多条黑暗特征谱线——现在被我们称为夫琅禾费衍射。19世纪50年代,德国科学家罗伯特·本生

（Robert Bunsen）和古斯塔夫·基希霍夫（Gustav Kirchhoff）对于它们存在的原因给出了解释。这些线条之所以没有颜色是因为太阳中的某些物质吸收了特定频率的光，于是这些频率所对应的颜色无法传递到地球上。

实际上这些线条就像是化学条形码一样，其内容就是关于光源的组成物质的这一类重要信息，也可以理解成太阳的"指纹"。本生和基希霍夫在实验室中对不同的元素进行加热（本生为此发明了以他的名字命名的加热装置），之后得到了每种元素的"吸收线"，将其与太阳光谱上的吸收线进行比对后发现，太阳主要是由氢构成的——氢是宇宙中最轻的元素。

1868年，太阳又给天文学家出了一个难题。法国天文学家皮埃尔·让森（Pierre Janssen）在观测了这一年的日食之后，发现了一条与已知元素都不同的吸收线。同年，英国天文学家诺曼·洛克耶（Norman Lockyer）在观测太阳的时候也发现了它，并且与研究化学的同事爱德华·弗兰克兰（Edward Frankland）用希腊语中的"太阳"一词将这种新元素命名为"氦"。这是第一个在太空中发现的元素，后来科学家在地球上也发现了氦。得益于这种分析光谱中吸收线的方法（现在被称为光谱学），现在我们知道了太阳的73%

由氢组成，25%由氦组成，剩下的则是氧、碳、铁等元素。

太阳的能源从哪来？

太阳从1.5亿千米远处发射的光线都能晒伤我们的皮肤，19世纪末的物理学家非常迫切地想知道，驱使着像太阳这样一个巨大的"火炉"不断工作的能源是什么。

地质学和生物学的发展——包括查尔斯·达尔文（Charles Darwin）提出的进化论中关于自然选择的研究——为研究早期的地球提供了一些线索。但是，太阳的形成要更早一些，于是要弄明白它的能量从何而来也就困难得多。一个维持太阳燃烧几百万年的能源还好说，但是连着燃烧几十亿年都没有熄灭就令人感到难以置信了。

许多维多利亚时代的科学家都不太相信有这样的能源。热力学领域的泰斗开尔文勋爵（Lord Kelvin）认为引力是太阳的动力来源，当太阳上的物质在引力作用下向中心聚拢的时候，压强和温度就会上升，也就是说太阳可以将引力能转化为热能，而开尔文经过计算后发现，太阳的引力能只够维持3 000万年就会被耗尽。但是，既然太阳还在天上发光发热，就说明从它诞生至今肯定没超过3 000万年，因此开尔文在1862年公开质疑了达尔文计算出的地球的年龄有几十亿年的说法。

其实达尔文是对的，开尔文出错了，爱因斯坦于1905年发表的那条著名的方程式 $E = mc^2$ 揭示了谜底。从公式中可以看出，能量（E）和质量（m）实际上是等效的，并且可以相互转化，用一个物体的质量乘以光速（c）的平方就是这个物体能释放出的所有能量。不过这也有一定的条件，释放能量的过程需要极高的温度和压强。

1920年，英国天文学家阿瑟·爱丁顿首次提出了太阳产生能量的真正机制：核聚变。氢能够在极高的温度和压强下聚合在一起变成氦——科学家发现，在太阳中心存在这种反应，并且最为关键的是，产生的氦的质量比原来的氢要轻一些，这些少了的质量就是太阳能量的来源——它们会按照爱因斯坦的那道方程式转化成能量。在每一秒钟，太阳会将6.2亿吨氢聚变成6.16亿吨氦，剩下的这0.04亿吨则转化为能量散发出去。

阿瑟·爱丁顿（1882—1944）

爱丁顿是20世纪初天文学领域中最重要的人物之一。

他出生于英格兰北部一个贵格会[①]家庭，"一战"时，爱丁顿作为一个和平主义者打算拒绝服兵役，正好因为他在天文学研究中非常重要，于是政府免除了他的兵役。

"一战"打响后的 1915 年，爱因斯坦用德文发表了广义相对论，作为当时少数能理解这一理论的天文学家之一，爱丁顿把其中的主要信息翻译成英语，介绍给了更多的学者。爱丁顿还通过 1919 年的日食观测检验了广义相对论的真实性，使得爱因斯坦美名远扬。在这之后，爱丁顿又在研究恒星生命周期这一领域做出了重大贡献，比如计算出了"爱丁顿极限"——不同大小的恒星能达到的最大亮度。

但是，爱丁顿也有犯错的时候。印度天体物理学家苏布拉马尼扬·钱德拉塞卡（Subrahmanyan Chandrasekhar）在 20 世纪 30 年代根据广义相对论提出了黑洞的存在，爱丁顿却公开驳斥了这一观点。钱德拉塞卡的观点最终被证明是正确的，他本人也在 1982 年获得了诺贝尔物理学奖。

---

① 贵格会，基督教新教宗派之一，17 世纪中叶创立于英国，亦称"公谊会"或"教友派"，"贵格"为音译名。——编者注

尽管太阳对氢元素的需求如此之大，但它所拥有的原料还足够支持自己燃烧50亿年。我们将会在第4章中看到当太阳的燃料耗尽之后会发生什么。

1939年，美籍德裔物理学家汉斯·贝特（Hans Bethe）研究发现了氢到底是如何变成氦的，并提出是由4个质子（即氢原子核）聚合到一起变成一个氦原子核，这就是质子–质子链（pp链）模型。尽管这一聚合过程每秒钟在太阳中心发生约9×10^{37}次，但是某一个单独的聚合反应可能就需要数百万年时间才能完成。

太阳中微子消失之谜

我们没有办法钻到太阳中心去亲眼看见pp链反应，但是我们可以根据反应原理来计算它应该释放出多少能量，并且这个数值和观测到的数值相等。

然而，有一个棘手的问题在天文学家的脑海中挥之不去，直到21世纪都还没有得到解决：到达地球的太阳中微子并不够多。中微子是一种很小的、质量几乎为零的亚原子粒子[①]，同时也是贝特提出的pp链反应的副产品之一，它

---

① 亚原子粒子，指比原子还小的粒子。——译者注

们从太阳出发，向整个太阳系扩散。与别的粒子比起来，中微子显得相当特别，因为它们会像幽魂一样直接穿过普通物体而不受任何阻碍。每一秒钟穿越你身体上一个平方厘米的太阳中微子的数量要比整个地球的人口还要多，但它们不会对你造成什么伤害。

20世纪60年代以来，物理学家们设计了一些复杂的实验以检测通过地球的太阳中微子数量。很快，他们就注意到这些中微子的数量不足，仅为根据pp链反应原理计算得出的中微子数量的1/3。有人提出了对这个现象的一种解释，中微子在到达地球的过程中发生了变形，变成了另外两种类型的中微子。这也就是说早期的实验装置只能检测到一种中微子，而忽略了其他两种中微子，因此我们只能检测到计算结果中的1/3。

1998至2006年在美国和日本进行的实验显示，中微子的形态的确有三种，而且单个中微子可以在这三种形态中转换（或者可以称为振荡）。如果把中微子振荡考虑进来，那么根据pp链反应原理计算出的中微子数量就是正确的。

太阳光的长途跋涉

如果把太阳切成两半，我们就可以看到它的分层结构。

中间是太阳的核心区，约占太阳内部的1/4。外层物质施加的压力使得此处有极高的压强和温度，促使氢通过pp链反应聚合成氦。这里的温度高达1 500万摄氏度，压强大到足以将核心区的物质压缩到密度为铅密度的13倍。

光从核心区出发后到达辐射层，这一层的范围一直延伸到太阳直径的70%处。温度从核心区往外开始逐渐下降，在辐射层顶部下降到150万摄氏度。由于粒子都紧密地聚集在靠近核心区的地方，所以物质的密度也在逐渐降低。平均来说，一个光子向外传播不到一厘米时就会撞上别的物质并被弹开。

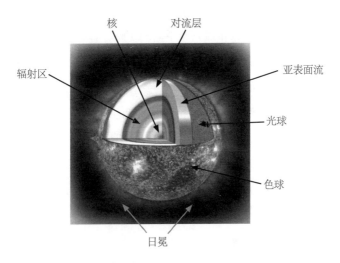

图 2-1　我们可以把太阳分成从核心区到日冕的很多层

如果只观察某一个光子向外传播的路径，那么至少需要10万~100万年才能等到它从辐射层中弹球机般的环境中走出来。我们常说因为光从太阳传播到地球需要8分钟，所以我们看到的太阳光是8分钟前产生的，这指的是从太阳的边缘传播到地球的时间，但是太阳光产生于核心区而非边缘。当我们看到太阳光的时候，它已经诞生了至少10万年了。

辐射层再往外就是对流层，光通过这一层要比之前快得多，通常只需要三个月的时间。光到达对流层之后就会被气体吸收，而这会加热气体并使之变轻，于是这些气体就会朝外上升到光球层。到达光球层后，它们又会冷却下来并且变重，然后又下沉回去，与此同时，在底层被加热的气体又会上升。这种对流循环把能量从辐射层传递到了光球层——我们所看到的可见光就是从这里出发的。位于对流层边缘的原子冷却后以光的形式释放能量，之后光就可以向外传播，从而照亮整个太阳系。

下一次当太阳光洒在你的脸上时，你可以花点儿时间稍作思考，这一缕阳光从太阳核心区诞生，经历了长达百万年的艰难跋涉才最终令你沐浴在阳光之中。

太阳的外层结构

光球层并不是太阳结构的重点，再往外还有更薄的几层——色球层和日冕。色球层中有长达500千米的喷流，我们称之为"针状体"。太阳上无论何时都会有几十万个针状体同时存在着。

从核心区一直到光球层，温度都在不断下降。[①]但是，从光球层向外的温度却突然开始上升，在色球层的顶部达到8 000摄氏度。在色球层和日冕之间还有很薄的一层色球–日冕过渡层，厚度为100千米，穿过这一片区域到达日冕底部之后温度会上升到50万摄氏度，而日冕的温度能达到数百万摄氏度。目前，我们还不清楚温度为什么会有这次突然上升，这是现在太阳研究领域的一个主要课题。

由于仍有难题尚未解决，所以研究太阳的物理学家希望能够尽可能多地对日冕展开研究，而日冕的性质之所以难以捉摸，是因为底下几层太过明亮，总是会掩过它的光芒。以前，我们只能等到日全食，等到月球把太阳的其他部分挡住只露出日冕的时候才能对其进行观测，不过现在的很多用于观测太阳的空间望远镜都配有日冕仪——一种

---

① 光球层的温度最低可达4 000摄氏度。——译者注

能遮挡太阳的圆盘，一般用于制造人造日食，方便天文学家在没有发生日食的时候也能对日冕进行研究。

另外，这些望远镜不仅能观测可见光，它们还能对电磁波谱上的其他波段进行观测，包括紫外线（UV）和X射线。这些观测发现太阳表面有一些"冕洞"——存在于太阳两极地区的一些辐射较弱的黑暗地区。它们常常持续数月，高速太阳风即来源于此。

磁场与较差自转

太阳远远不是如我们所见在天上一动不动的，实际上太阳的活动剧烈到难以想象，强烈的磁场活动令太阳表面不断如沸水般翻滚。

太阳就像是一块巨大的磁铁。你做过条形磁铁和铁屑的小实验吗？这些铁屑描绘出了南磁极和北磁极之间看不见的磁感线，太阳和地球也有与之类似的磁场和磁极。地球的磁场和条形磁铁的磁场很相似，因为地球是一个固态行星，太阳却不是固态的，它是一个由一种不断被搅动着的、叫作等离子体的超高温气体组成的球体，其赤道地区的自转速度比两极地区要快20%，这种现象被天文学家称为"较差自转"。较差自传的结果是赤道地区的磁场比两极地区的磁场的自转速度更快。这又导致了太阳的磁场线互相缠绕、扭曲，使得磁场变得非常杂乱。这就像在压缩弹簧和扭转橡皮筋一样，一直在磁场中储存着能量，而这些能量释放之后就会造成太阳表面可见的太阳活动迹象。

太阳黑子

太阳黑子是太阳上最为明显的特征之一。17世纪初，伽利略首次通过望远镜对它们进行了观测，不过对黑子最早的肉眼观测记录可以追溯到2 000多年以前。因为一些黑子的大小可以增长到太阳直径的10%——也就是说其直径可达16万千米，这是地球直径的12.5倍。太阳黑子通常能持续存在几天或者几周，最持久的可以持续几个月。

多年以来，不断地有人对黑子的来源提出不同的解释，有人说是因为太阳大气层中的风暴，还有人说它是彗星的撞击留下的伤痕。现在我们知道，这些只是光球层中温度较低的区域，光球层的平均温度大约是5 500摄氏度，而太阳黑子的温度大多处于3 000~4 000摄氏度。太阳黑子处的磁场非常强，阻止了热量从对流层向上传递的过程。这也是太阳黑子往往成对出现的原因——因为磁极有两个。

自伽利略时代以来，天文学家们养成了详细记录太阳黑子数目的习惯。这些记录中呈现出一个很明显的趋势——太阳黑子的数量大约每11年达到顶峰，然后这11年间先是逐渐消失，再慢慢增多。而其他的太阳活动，比如我们在后面将看到的太阳耀斑、日珥以及日冕物质抛射（CME）等，也都遵循这一规律。原因是太阳的较差自转使得太阳磁场每11年就会扭转一次，如此循环。

安妮·蒙德（1868—1947）

安妮·蒙德（Annie Maunder）本姓拉塞尔（Russell）出生于北爱尔兰，毕业于剑桥大学后进入格林尼治皇家天文台成为一名"人肉计算机"，她的工作是拍摄太阳以及对观测数据进行计算。在格林尼治天文台工作期间，她遇到了同为天文学家的沃尔特·蒙德（Walter Maunder），两人于1895年完婚。那个年代的观念是，女人都应该在婚后完全放弃自己的工作。

然而，这对夫妻仍继续一起为研究太阳和太阳黑子而努力工作。他们研究了历史上记载的太阳黑子记录，并注意到太阳黑子数量少的时候往往对应着地球上的气温偏低的时期。后人将1645至1715年这段时期称为"蒙德极小期"，或更通俗地称之为"小冰期"。

蒙德是一位伟大的天文学传播者，她是1916年废除"禁止妇女参与"法令后第一批当选英国皇家天文学会成员的女性之一。时至今日，英国皇家天文学会每年都会向杰出的太空传播者颁发"安妮·蒙德奖"。

天文学家也发现了有关太阳黑子的其他规律。其中一个是以德国天文学家古斯塔夫·斯玻勒（Gustav Spörer）的名字命名的斯玻勒定律，在11年这个周期开始时，太阳黑子出现在远离赤道的区域，随着时间的推移，它们出现的位置越来越接近赤道。把一个周期里所有黑子的位置记录在图表上后，看起来就像一只蝴蝶，因此这被称为"蝴蝶图"。还有一个是以美国天文学家阿尔弗雷德·乔伊（Alfred Joy）的名字命名的乔伊定律，他认为一对太阳黑子通常不在同一纬度上，并且较大的那个更靠近赤道。

耀斑、日珥与丝状体

大多数人都知道不能直接直视太阳，因为它太过刺眼，很快就能使人失明。但是如果使用了专门的太阳望远镜，情况就不一样了，它的前端有一层减光膜，可以将太阳光的强度降至安全范围内，这样就可用于观测太阳了。

　　这样的观测除了能看到太阳黑子之外，还会看到一些看起来好像正在吞噬着太阳的火焰，这就是日珥。当太阳的磁场线带着热流冲向太空中，在光球层上形成一个高耸的拱形火焰时，景象最为壮观——这股热流沿着磁场线从太阳中冲出，再沿着磁场线回到太阳中。日珥看起来可能面积很小，但实际上它们的高度往往有几十万千米。

　　我们所看到的日珥的形状取决于观测的角度，如果一个日珥从太阳中正对着我们喷发出来，那么我们看到的就是它的正面，而之前所描述的"拱形火焰"则是它的侧面。天文学家把正面朝向我们的日珥称为"丝状体"，它们看起来就像是在太阳的表面游荡的蛇。由于日珥的温度比太阳炽热的表面要低很多，所以和太阳黑子一样，它们看起来也比太阳表面暗一些。

　　人们常常错把日珥当作太阳耀斑，但其实二者并不相同。顾名思义，太阳耀斑指太阳局部地区突然增亮以及辐射的剧烈爆发，其中所蕴含的能量可谓高得惊人——每一个耀斑释放的能量相当于数十亿兆吨TNT（三硝基甲苯）炸药。与之相比，整个第二次世界大战期间使用的所有炸弹，包括投放至广岛和长崎的两颗原子弹在内，总共也只有300万吨TNT炸药。

耀斑往往伴随着太阳上最为壮观的景象一同爆发，那就是日冕物质抛射。

日冕物质抛射

1989年3月，加拿大魁北克省的600多万人因停电而陷入了长达9个小时的黑暗。同时，与气象卫星的通信也中断了，北极光出现的位置南移了很多——甚至美国得克萨斯州和佛罗里达州都能看得见极光。这些现象都是由日冕物质抛射引起的。

这种产生于太阳的猛烈爆发以每小时100多万千米的速度向太空中喷发出10亿吨的物质，使整个太阳系中都充满

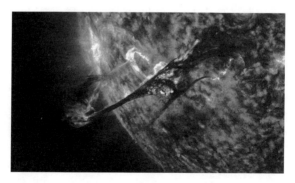

图2-2　2012年8月，太阳爆发出壮观且强烈的日冕物质抛射

了带电粒子。这些物质击中地球的时候，就会引起一场地磁暴，扰动地球的磁场，而这就会产生额外的电流，以至于会破坏电网、干扰卫星通信、引发极光现象。太阳每隔3~5天就会爆发一次日冕物质抛射，不过幸运的是，其中大多数都没有击中地球。

所有击中地球的日冕物质抛射中，最为壮观的一次是以英国天文学家理查德·卡林顿（Richard Carrington）命名的"卡林顿事件"，发生于1859年。幸好当时人类的电力基础设施还处于起步阶段，世界上最先进的通信系统还只是电报。很多电报员遭受电击，全球电报系统几乎瘫痪了。如果这种事情发生在今天，可能会造成高达数万亿美元的损失。地磁暴期间，飞机必须停飞。即便是现在，飞行员和机组人员也属于放射工作人员类别。在2003年一场小得多的太阳风暴中，所有乘坐从芝加哥飞往北京的航班的人均暴露于辐射中，其数值高达年辐射累积最大值的12%。

可以理解，人们非常渴望能够预测这种事件——有一个像是陆地上的天气预报一样的太空天气预报。我们虽然不能阻止这些太空事件发生，但是我们可以试着减少它带来的破坏。目前，我们还只能在太阳风暴来临的几个小时前才能预测其是否危险，一些人认为太空天气预报还需要至少30~40年才能赶得上现在陆地上的天气预报。不过，现在相关研究人员已经采取措施，希望可以将预测的时间提前到太阳风暴来临前24个小时，接着再提前到几天。这项工作至关重要，因为卡林顿事件那种规模的日冕物质抛射大约每150年就会发生一次，我们即将面临一次极大的危险，下一场类似威力的日冕物质抛射只不过是时间问题。

太阳风

这次着陆已经严格排练过多次。按照排练中的情况，这台探测器的降落伞会在高空中打开，然后由准备好的直升机钩住降落伞，将这位勇敢的探险者安安稳稳地带回家。但是，意外还是发生了。2004年9月8日，美国国家航空航天局（NASA）发射的起源号探测器坠毁，现场画面显示一旁的直升机只能绝望地注视着这一切的发生。

起源号探测器坠毁的原因是一枚传感器在安装时被装反了，导致降落伞未能按原计划打开。起源号探测器中几乎所有的珍贵样品都因被污染而无法使用，万幸的是，还有一些样品完好无损。这台探测器发射于2001年，算是一次大胆的尝试，研究人员希望可以用它收集一些太阳风粒子，并带回地球进行分析。这是"阿波罗计划"之后的首个样品回收计划，也是人类第一次尝试从月球轨道之外带回样品。

早在1859年卡林顿事件发生时，理查德·卡林顿就提出太阳中有一种看不见的粒子在向外流动。现在我们知道，这些带电粒子（主要是质子和电子）以超过每小时数百万千米的速度从太阳出发向四面八方散去，而这里面最快的粒子一般来源于冕洞。这些粒子一路延伸到行星运行轨道之外，在那里它们会遇到从其他恒星吹来的风。

当太阳风冲击地球磁场的时候，地球的两极地区会产生极光。但是，太阳风可一点儿也不温柔，它具有极其强大的毁灭能力。天文学家认为，以前的火星大气要比现在密实得多，且足以维持火星表面的液态水。然而，由于火星没有磁场①，太阳风逐渐将火星的大气层侵蚀殆尽，令它裸露在太空之中。现在的火星只是一片干旱贫瘠的荒漠。

---

① 火星仅在形成初期有过磁场，但是后来大约在40亿年前消失了。——译者注

地球

形成和结构

　　地球是由"废料"和"边角料"组成的。其实在46亿年前的时候，更重要的事情是太阳的形成，不过除了太阳自己要用到的原料之外，还有大量的气体和尘埃围绕着这颗"婴儿恒星"旋转。这些物质在引力的作用下慢慢地聚集到一起，形成了更大的物体，叫作"星子"——这是用来组成一颗行星的"积木"，每一个的直径约一千米。

　　在45.6亿年前，也就是太阳形成之后的几亿年，这些星子撞到一起形成了地球的雏形。星子不断地聚集，加上放射性衰变释放的能量，使得这个新行星一直保持熔融状态。在引力的作用下，地球逐渐变成球形。

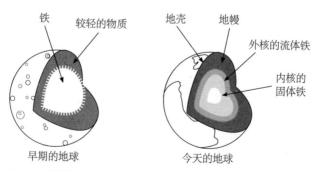

图 2-3　早期的地球完全处于熔融状态，使得像铁这样较重的物质沉入核心处

　　由于地球处于熔融状态，最重的那些物质下沉至中心部位，而最轻的那些物质自然就浮到最外层，这一过程被称为"分化"。分化完成的地球在冷却后形成了一个密实的铁–镍核心，外面包有一层固态的壳。

　　现在，我们的地球仍然有一个铁–镍核心，我们可以把它分成两部分——内核和外核。内核是固态的，外核在外层物质的巨大作用力下则仍处于熔融状态。内核和外核交界处的温度可达6 000摄氏度，这和太阳表面差不多热。内核和外核加起来的大小占到地球大小的55%[①]，外面包围着一层由半融化状态的岩石（也就是岩浆）所组成的地幔。地幔的外面是地壳，也就是我们居住的地球表面。地壳最厚处只有60千米，还不到地球直径的0.5%，如果把地球缩小到一个苹果的大小，那么地壳差不多只有苹果皮那么厚。

海洋和大气

　　水资源丰富是我们的地球最为显著的特征，液态水覆盖了地球表面超过70%的面积，地球上的每一个生物，从最小的细菌到最大的蓝鲸，离开水都无法生存。但是在地

---

① 这里指半径。——译者注

球形成时那样地狱般的高温之下，任何液态水都无法存在，所以这些水很可能是形成之后被添加进来的，但是它们是从哪来的呢？

水可能产生于地壳之下的地幔深处，液态氢和石英发生反应会生成液态水，然后这些水又藏进岩石中。2014年，人们在地表之下700千米处发现了一个比地球表面的海水总量还要多两倍的巨大水库。随着时间的推移，水蒸气可能会从地壳的裂缝中渗出，然后当行星冷却时，水蒸气会凝结成液态，变成雨水填满低洼的盆地。

另外一种可能是，这些液态水来自外太空——是小行星和彗星撞击地球时带来的。但是这个说法有一些问题，对彗星的分析结果显示，其中包含的一些水的种类与我们在地球上的海洋中发现的不同。另外，如果水是被小行星带来的，那么地球大气中氙的含量应该比现在多得多，所以这种说法正确与否仍有待考证。

关于地球大气的起源，我们已经了解得比较清楚了，不过它现在的成分与其产生时区别很大。在新生的地球上附着着的气体是由地球深处的火山活动中释放出来的，其主要成分是二氧化碳，除此之外还有一氧化碳、硫化氢和甲烷，但是没有氧气，氧元素被固定在各种化合物中，比如水（H_2O），以及岩石这样的硅化物，如二氧化硅（SiO_2）。

不过，在大约30亿年前一种叫作蓝藻的微生物开始在海洋中繁衍的时候，一切都变了。它们通过光合作用，将二氧化碳、水和阳光放在一起合成了氧气。大气中氧气的积累引发了地球历史上最大规模的物种灭绝之一，因为氧气对当时绝大多数生命形式都是有毒的，只有能适应大气成分的巨大变化的有机体才能存活下来，人类就是这些幸存者的后代。现在，氧气是大气中第二多的成分（约21%），仅次于氮气（约78%）。

大陆板块

位于青藏高原和印度次大陆交界处的喜马拉雅山脉是地球上最为壮丽的自然景观之一，每年都有成千上万的人来到这里参观巍峨的珠穆朗玛峰，并且其中还有成百上千的人会试着攀登这座世界上最高的山峰。

喜马拉雅山脉形成于5 000万年前，尽管这是一段很长的时间了，但对地球来说它还很年轻。喜马拉雅山脉位于印度境内的那一片大陆经历了一场极为艰难的迁移才最终到达了现在我们所见到的位置。它从一个叫作冈瓦纳的古老大陆上分离出来，然后朝向非洲大陆旁的马达加斯加岛进发，之后又接着前往亚洲。它以每年20厘米的速度奔向地球上最大的大陆，并"撞"出了世界上最高的山脉。

这种大规模的板块漂移形成的原因在于，地壳实际上是由一系列漂浮在液态熔岩上的构造板块组成的。汹涌的暗流使得印度板块与冈瓦纳古陆分离开来，并向北前进。在与欧亚板块发生碰撞之后，印度板块从底部将其向上推，于是形成了喜马拉雅山脉。这一过程还远远没有结束，碰撞仅仅让印度板块前进的速度减缓下来，它仍在继续向北运动，这使得喜马拉雅山脉仍然每年都会"长高"2厘米。

不过，大陆板块不只在地质学上有重大意义，许多科学家还认为它们在地球生命的发展中发挥了关键作用——毕竟，地球不仅是太阳系中唯一拥有生命的行星，也是太阳系中唯一拥有大陆板块的行星。板块的边界通常会产生一些火山，这令困在行星表面之下的气体得以逃逸到大气中——尤其是二氧化碳。而在冰期，过量的二氧化碳对于温度的升高能起到很大作用；此外，板块运动也会消耗多余的二氧化碳，防止地球过热。

因此，在寻找宇宙中其他星球上的生命时，天文学家不仅热衷于寻找与地球温度相同的行星，还倾向于寻找那些有大陆板块的行星，因为它们可以将温度保持在有利于生物繁衍的范围内。

阿尔弗雷德·魏格纳（1880—1930）

仔细地看看世界地图，你会发现它就像一块巨大的拼图，南美洲的东北角正好能嵌入非洲西南部的凹陷中，德国的物理学家阿尔弗雷德·魏格纳（Alfred Wegener）在1911年注意到了这一点。他认为这不是一个巧合，并依此提出了"大陆漂移说"，其中提到南美洲大陆和非洲大陆原本应该贴合在一起。但在当时几乎没有人相信这一说法，其他科学家认为如此巨大的一块土地根本不可能发生移动，而且魏格纳自己也无法解释移动的原因。

直到20世纪五六十年代——此时魏格纳早已在一次前往格陵兰岛的考察中去世——人们才找到支撑这一学说的证据。科学家发现随着火山不断活动，会有新的大洋地壳形成，于是海底就会随之不断扩张[①]。很快，人们在魏格纳提出的大陆漂移说，以及进一步发展得出的海底扩张说的

[①]　即海底扩张学说。——译者注

基础上，提出了板块构造说。

潮汐

在缅因湾的东北部，这段北美洲与大西洋波涛起伏的海岸线上，有一个独特的湾口，叫作芬迪湾，每天都会有超过1 000亿吨的水涌入这里再流出，这比地球上所有淡水河流量的总和还要多。

造成如此巨量的水来回往复、奔流不息的原因是什么呢？是引力，尤其是来自月球的引力（太阳也提供了一部分），这引发了每天巨大的潮起潮落。其实地球上的岩石也会被引力牵动，但是水是液体，可以更自由地流动。芬迪湾是世界上规模最大的潮水之一，那里的潮差可达3.5~16米，也就是说涨潮时潮水高度能超过一栋4层高的房子。

让我们来简单地认识一下潮汐的原理。当你所处的这一片地区朝向月球的时候，引力会将你附近的水拉向月球，于是当你所在地处于高潮的时候，在月球与你的连线相垂直的那些地区就经历着低潮。另外，月球对你另一侧的引力没有这么大，因为那里离得更远，但是这里也会经历一次高潮，其原因是地球旋转时的离心力——也就是汽车急转弯时把你甩向一边的那种力。这就是地球上的大多数地区每天会经历两次涨潮和两次退潮的原因——地球的自转使得我们周期性地在24个小时内穿过这4片区域。

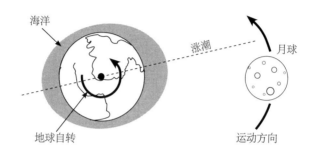

图 2-4　月球的引力使得地球上离它最近的地方发生涨潮

我们可以思考一下现实中见到的情况。当你在海岸边看到潮水退去，你可能会觉得海水奔向远方，但事实并非如此。无论是因为引力的影响还是离心力的影响，水总是保持原样的，反而是你在不断地移动——你跟着地球的自转一起从潮涨潮落中穿行而过，不是海水在远离你，而是你在远离它。

季节

季节的变化是我们地球上最美丽的特征之一。春天，鲜花朝着天空绽放笑容；秋天，叶子又从空中萧萧落下。

很多人都误以为全年气温的变化源于地球和太阳之间距离的变化——离得近的时候是夏天，离得远了就是冬天。

实际上，季节变化是地轴的倾斜造成的。我们的地球并不是直立的，而是与竖直方向有23.4°的夹角。这意味着在6月份，北半球会朝向太阳，住在这里的人们就会经历更温暖的天气和更长的白昼，而北极圈里的人则会经历极昼——这里一整天都被阳光照射，没有黑夜。与此同时，南半球背对着太阳，因此很难获取来自太阳的光线和热量——于是冬天就来了。与北极的极昼相似，南极在此时进入了极夜。

6个月后，地球运行到太阳的另一边，情况倒转过来。赤道以南的人们吃起了烧烤，而赤道以北的人们则穿上了毛衣。北极被阴影覆盖，同时南极被逐渐照亮。

一年中白昼最长和最短的那两天（分别在6月和12月）被称作"二至日"。这两天之间，在地球绕着太阳运行到某一点时，两个半球都没有斜向太阳，这就是我们所说的"昼夜平分点"。地球运行到这里时（分别在3月和9月），全球各地昼夜等长。

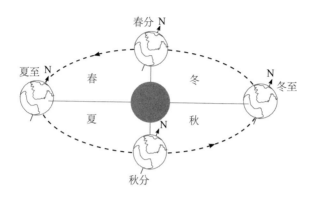

图 2-5　地轴的倾斜使得我们有时会朝向太阳，有时则不会，而这导致了季节的变化

　　我们应当庆幸，地球倾斜的角度还是相当小的，如果倾斜得多，那么季节的变化将会更为剧烈，更难应对。月亮确保了地球倾斜角度的稳定，也使得季节的变化可以被预测。然而，火星就没有像月球这么大的卫星能够使其自转轴维持稳定，它会在其他行星的引力作用下发生剧烈的摇摆，这导致火星的严冬和盛夏的长度处于不断的变化中。

磁场

　　雌性海龟总是会踏上令人惊奇的旅程。它们在海滩上出生后，匆匆忙忙地奔向大海，为了寻找丰富的觅食地而迁徙 2 000 多千米。但是一旦成年后，它们就会再回到孵化

时的那片海滩。它们怎么能记得住自己来自何方呢？答案
似乎与地球的磁场有关。

随着地球的自转，地心深处的液态铁在外核中晃动，
地球磁场即产生于此。磁场线从地球的一端钻出来，并绕
到另一端又钻进去。不过，涉及极点这个问题，问题就会
变得很复杂。地球有三个北极和三个南极。

首先是地理北极，这是地球物理意义上的顶点，位于
假想的地轴上。这个点几乎不会发生变动，一年中只会在
很小的范围内移动几米。其次便是北磁极，即罗盘所指的
方向。如果罗盘中的指针可以在垂直方向上自由移动的话，
那么在这一点它就会直接指向地面。由于地球外核的不断
变化，北磁极的变化也相当大，不久之前它还位于加拿大，
但现在正在穿越北极，前往西伯利亚。现在地理北极和北
磁极之间大约偏离了10°。

最后是地磁北极，如果将一个条形磁铁放置在地球中
心位置，那么它的北磁极就指向这里[1]。当然，地球的磁场
可比条形磁铁要复杂得多了。这三个极点在南半球都有各

---

[1]   或者说把地球想象成一个巨大的条形磁铁，那么其北磁极就是所
说的地磁北极。——译者注

自相应的南极。

如果没有磁场，那么地球上的生命将很难像现在这样兴旺繁荣。它是一个巨大的力场，能将来自太阳和太空中的有害辐射折射出去。它还能保护我们免受太阳风的影响，如果没有它，太阳风会破坏臭氧层，我们便会更易被来自太阳的紫外线伤害。

极光

北极光常常出现在北极附近，看起来就像是巨大的绿幕，在天空中的各个方向闪闪发光。同样地，在南极附近我们可以看见南极光。极光除了绚烂多彩之外，还会发出诸如嘶嘶声、爆裂声、噼啪声等各种各样的声音。

极光这种现象提醒了我们，地球并不是与世隔绝地独自存在于太空中的，而是和太阳有着极其密切的关系。太阳风经常会从地球上拂过——太阳风是从太阳中喷出的一股带电粒子。太阳风和地球磁场之间的相互作用导致带电粒子沿着地球的磁场线向两极加速，随后它们撞击我们头顶的大气层，为空气中的原子提供额外的能量，当这些能量以光的形式释放出来的时候，我们就能看到极光。

这种效果一般只会存在于每个磁极周围有限的区域内，

我们称为"极光卵"。然而，一场地磁风暴——比如由日冕物质抛射所引起的风暴——会压制地球磁场，并将极光卵扩大。在1859年的卡林顿事件中，加勒比海的水手报告说他们看到了奇异的灯光，因为他们从来没有到过极区附近，所以不知道这就是极光；落基山脉上的极光明亮至极，甚至于那里的矿工在夜里醒来时还以为已经到白天了；甚至一些居住在撒哈拉以南的非洲的人也看到了极光。

极光最常见的颜色是绿色，这种颜色是由氧原子发出的，而它在低海拔地区的含量最为丰富，并且最容易被看见。极光中的一些红色条纹则是在大气层中更高处的较为平静地环境下氧原子发出的光，蓝色的极光则来自氮气分子。

地球并不是太阳系中唯一一个有极光的行星，天文学家们已经在火星、木星和土星上都发现了极光的存在。

陨石和流星

几百万年前火星遭受了一次撞击，这使其表面的一部分被撞碎，并落入了太空中。在某种原因的驱使下，这块碎片穿过了2.25亿千米的距离到达地球，闯进了大气层，最终变成一块陨石坠入南极苔原。在地球上所收集到的所有陨石中，这些来自火星的"闯入者"非常罕见，占比不足总数0.5%。来自月球的陨石要更常见些。不过，绝大多数的陨石均来自小行星——它们是太阳系形成时遗留下来的一些岩石块和金属块，这正是它们对我们的吸引力所在，作为太阳系中比地球形成更早的一员，它们能提供一些有关太阳系如何形成的非常有价值的线索。

我们对于太空中的一块碎片如何称呼取决于它位于何处。还在太空中的石头叫作"流星体"，当它穿过大气层之后，就变成了"流星"。而只有保留着完整形态且落到地面之后，它才能被称作"陨石"。

如果有很多流星同时出现，就会出现叫作"流星雨"的耀眼景象——这是一堆流星的突然爆发。在围绕太阳运行的过程中，地球经常会通过彗星从太阳系中经过时留下的太空尘埃，而这些微小的尘埃——通常还没有一粒沙子那么大——与大气层发生剧烈摩擦后，发出炽热的光芒，这时我们就会看到流星划破天空。

8月份的英仙座流星雨是最为壮观的流星雨之一。如果你能够前往一个远离城市灯光干扰的黑暗地区，那么几乎每分钟你都能看到一颗流星划破夜空。英仙座这场一年一度的流星雨也在不断地提醒我们，太阳系远不是只有行星而已。

人造卫星和国际空间站

1957年10月4日是人类历史上具有里程碑意义的一天，苏联发射的斯普特尼克一号成为第一个绕着地球运行的人造物体。三个月后，它再次进入大气层，最终燃烧殆尽。从那以后，人造卫星彻底改变了我们的生活方式。气象卫星追踪气候，间谍卫星监视敌人，电视卫星为我们带来最新的精彩节目，全球定位系统（GPS）使我们再也不会迷路。

现在，地球周围共有超过1 000颗人造卫星正在运行，但并不是每一颗在轨的卫星都有用。大约有超过21 000个直径大于10厘米的物体正围绕着我们的地球狂奔，而直径在1~10厘米的物体已经多达50万个了。其中大多都是太空垃圾——来自人造卫星和一些太空任务的碎片，它们在太空中飘荡着，并且数量还在不断增长。

太空垃圾给地球最大的人造卫星——国际空间站（ISS）带来了很大的困扰。ISS大约有一个足球场那么大，它是来自全球各地的6名宇航员的住所。ISS在距离地球表面约400千米的轨道上运行，但是为了躲避大块的太空垃圾，它已经改变了好几次运行轨道。它的外壳，尤其是太阳能充电板一直都在承受着小块碎片的撞击。

自2000年以来，ISS中就一直有宇航员居住，通常每6个月会换一拨人。由于每92分钟ISS就会环绕地球轨道运行一次，所以宇航员们一天能看到16次日出和日落。他们也能看得见地球上的一些壮观景色，包括我们绵延的城市、强烈的雷暴，还有正在跳舞的极光。

ISS不仅是一座象征着国际合作的灯塔，还能让我们认识到长时间在太空中停留对人体会有什么样的影响。总有一天，我们会用上这些经验，把人类送上火星。

月球

形成

地球和月球这个组合其实是很古怪的，将它们与太阳系中其他所有的行星和卫星的大小关系放到一起对比你就能发现，地球和月球这组行星与卫星的"个头"相差太小了。月球的直径大约是地球直径的28%，而地月之外相差最小的组合是海王星和海卫一，海卫一的直径仅为海王星直径的5%。我们的地球作为整个太阳系中倒数第四大的行星，却拥有月球这颗太阳系第五大的卫星。

这也就是说，月球不可能是诞生之后被地球的引力捕获的，因为它对于地球来说实在是太大了。查尔斯·达尔文的儿子乔治认为月球是从地球上分离出来的，而分离出去之后留下的空隙形成了今天的太平洋。

现在的主流观点认为地球在诞生初期被一颗火星大小的行星撞击后形成了月球，天文学家们将这颗现已不知所踪的行星称作"忒伊亚"，并将月球来源于这次撞击的观点命名为"大碰撞假说"。他们认为月球大约形成于地球诞生后5 000万年至1亿年，这次撞击产生的碎片盘旋着升入环绕地球运行的轨道上，并最终在引力作用下聚集到一起，形成了月球。如果把地球自诞生至今的这段时间缩小成一天，那么月球大约形成于这天的第10分钟。

这一假说也能够解释为什么月核非同寻常地小，以及为什么月球的密度比地球更小。发生撞击之后，来自忒伊亚的较重的物质留在了地球附近，而较轻的物质则被抛向外围，形成了月球。在太阳系的所有行星中，地球的密度是最高的，由此看来，地球在形成后吸收了一部分来自忒伊亚的物质的推断也是合乎情理的。另外，这次巨大的撞击也能解释为什么月球在过去的一段时间内似乎处于熔融状态——碎片在聚集的过程中发生了剧烈的碰撞，导致岩石熔化。

阿波罗计划带回的一些月球上的岩石，也印证了这一假说。计算机进行大量模拟计算后得到的结果表明，月球主要是由来自忒伊亚的物质构成的，因此地球和月球的岩石之间存在一些差异。2014年，科学家宣布他们在阿波罗带回的样本中发现，月球岩石中的氧元素与地球岩石中的有所不同。

陨石坑、月海和月相

展开月球表面的地图，你会发现到处都是充满了诗情画意的地名：梦湖、虹湾、幸福湖等。实际上，月球表面是一个真正的不毛之地。月球几乎没有大气层，其稀薄的大气放在一起甚至比不上5头大象的重量。

月球的表面被一种被称为"月海"的黑色斑块所覆盖，从地球上看有点儿像一张脸，因此就有了著名的"月亮脸谱"。但是，这些海里可从来都没有过水，正相反，它们是在月球诞生时熔岩冷却固化后形成的巨大的桶。月海上有着成千上万的陨石坑，这些陨石坑很深，呈碗状，是几十亿年来月球表面遭受撞击后留下的痕迹。

我们可以看到天空中月球的模样总是发生周期性的变化，原因在于月球本身不会发光，而是像一面巨大的镜子一样向我们反射太阳光。我们看到的月球的模样取决于它在绕地球公转轨道上的位置。当月球位于地球和太阳之间时，大部分光都照射在它朝向太阳的那一侧，月球便无法反射光到地球上被我们看到，这时我们看到的就是新月。随着月球绕着地球运行，与太阳之间的夹角越来越大之后，我们能看到它被照亮的部分也越来越多，新月大约两周之后，月球运行到太阳的对面，此时它朝向我们的这一面被完全照亮，我们就会看到满月。而当月球继续运行回之前的位置时，我们又会看到它被照亮的部分越来越少。

潮汐锁定

有很多人认为月球是不会自转的，因为我们总是只能看到月球的正面而看不见背面。但事实上它是会自转的，只是它的自转周期恰好与绕地球公转的周期相同，都是27.3天。

我们可以做一个小实验来模拟月球的运行。找一个东西放在地上，把它当作地球，面向它站立，然后绕着它移动，并且一直面对着它。当你走完一圈之后你会发现，自己不仅绕着地球转了一圈，同时也在原地转了一圈。如果你还没弄明白的话不妨再多试几次，不过下回就别盯着中间的"地球"看了，请看向面前的墙壁，你会发现在移动的过程中你会依次面对房间里的四面墙，就像是在原地打转一样。

月球之所以会这样运行，是因为它被地球潮汐锁定的缘故。月球在形成之初的自转速度要比公转速度快很多，但是地球的引力使得月球在地月连线的方向上略微伸展，于是月球在某一个方向上就会比另一个方向上略长一些——类似于地球上的涨潮。接下来，地球的引力就会拽着月球上凸起的这一块，使月球自转速度逐渐减缓，直到与公转周期相同。

月球相位变化的时间要比它绕地球公转一周花费的27.3天长，每两个满月之间的间隔是29.5天。这是因为只有在太阳、地球、月球排列在一条直线上时，我们才能看到满月，当月球围绕着地球公转的同时，地球也在围绕着太阳公转，在月球完成一次公转的这一个月里，地球也绕着太阳前进了一段距离，所以月球需要多一些时间才能重新与太阳和地球排成一条直线。

潮汐锁定在宇宙中随处可见，木星和土星的许多卫星都被锁定了。而在其他行星系中，同样也有很多行星被它们的恒星潮汐锁定，而天文学家们对于这种行星——一面被烈日炙烤，另一面却暗无天日——上是否可能会有生命存在进行了激烈的争论。

对地球生命的重要性

有关月球的故事实在是太多了，从几千年前开始就有很多，以至于我们有时候很难分辨出哪些是科学，哪些是老婆婆讲的童话故事。从一些有关狼人和疯子（这些角色在故事中都与月光有关）的报道中，我们就可以看到人们是多么相信月球会直接影响人类的行为。接生婆们坚定地认为满月之夜产房中的人会更多，然而并没有可信的证据能够证明这一说法。

大多数有关月球的传说都被人们用引力来解释，他们认为满月时月球的引力更强，会对人体内的水产生影响，但实际上我们看到满月的时候月球并不一定离地球很近。不过，这些故事的确多多少少地影响到了地球上的生命，科学家认为，如果没有月球这位离我们这么近的邻居，我们人类甚至不会存在并赞叹乃至探索它。

我们之前已经提到过月球如何帮助地球维持稳定的季节变化，它有可能在生命诞生的过程中也发挥了重要作用。那时的月球离地球的距离仅为现在的1/15，如此近的距离导致来自月球的引力在地球上引发了可怕的潮汐，使得海水侵入内陆地区数百千米，潮汐频率也比现在高出很多。一些研究者认为，生命就起源于这些地区，海水在陆地上的翻腾使得生命诞生所需的组成物质充分地混合在一起。

月球也在减缓地球的自转速度。10亿年前，地球上的一天只有18个小时，而现在则是24个小时，因为在月球的引力作用下，地球在自转的过程中会和海水发生摩擦，于是用于自转的能量就会被逐渐消耗，并转移到海洋中。这种能量的转移有助于热量从赤道传输到两极地区，使得整个地球上的温差大大减小。可以说，在地球上的生命诞生之后，月球也在一直帮助维持一个有利于其继续进化和不断发展的环境。

另外，地球自转变慢导致的另一个后果是月球会逐渐地远离地球，也就是说潮汐会变得越来越平静——所以现在的环境更稳定了。我们可以利用阿波罗号的宇航员在月球上留下的实验装置来测量月球远离地球的速度。

阿波罗计划

"着陆灯亮起，引擎熄火。"这句普普通通的话开启了人类历史上的新纪元。38岁的尼尔·阿姆斯特朗（Neil

Armstrong）在说出这句话之前刚刚惊险万分地手动驾驶着
鹰号登月舱着陆在月球表面的一块巨石上，此时他们剩下
的燃料连一分钟都撑不过去了。地面指挥中心的工作人员
松了一大口气："收到。你们那儿的紧急状况把我们吓得脸
都青了，现在我们终于又能呼吸了。"

着陆几个小时之后，阿姆斯特朗迈开脚步走下梯子，
成为第一个踏上除了地球以外第二个星球的人。1969年7月
20日，这一天至今仍是激励我们不断前行的灯塔。在接下
来的三年里，NASA又成功完成了5次探月任务，并将10名

图2-6　阿波罗11号登月任务期间，巴兹·奥尔德林站在月球上。我们可以
从面罩的倒影中看到这张照片的拍摄者尼尔·阿姆斯特朗

宇航员送上月球，其中只有阿波罗13号在飞行途中燃料舱发生爆炸令飞船损毁而不得不放弃了任务。

这些任务并不仅仅是为了在冷战的高峰期令美国胜过苏联一筹，它们有着极其珍贵的科学价值。这6次登月任务共带回了382千克月岩，这些岩石含有我们研究月球的形成的重要线索。宇航员们在月球表面留下了一排镜子，这样我们就能从地球上发射激光来测量月球远离地球的速度（目前是每年3.8厘米）。他们还在月球上的尘埃中埋下了地震仪以研究月球的震动。

后来，宇航员们变得大胆起来，他们开着月球车四处行驶，探索着月球这片贫瘠的土地。阿兰·谢泼德（Alan Shepard）甚至偷偷地把一根6号铁高尔夫球杆的杆头带上了月球，并且在月球上打了一杆。戴夫·斯科特（Dave Stott）将一个锤子和一根羽毛同时抛下，证明了不同质量的物体在没有空气阻力的情况下，会以相同的速度下落。

当阿波罗17号于1972年12月14日离开月球时，指挥官吉恩·塞尔南（Gene Cernan）——他是最后一个离开月球的人——对于重返月球还抱有希望。但是由于成本太过高昂，从那至今人类再也没有执行过登月任务。但是，月球对我们的吸引力令人无法抗拒，这是宇宙赠予我们用于延长人类在太空中停留时间的最佳所，世界各地的航天机构已在计划重返月球。总有一天，我们会在月球上的尘土上再次留下足迹。

后期重轰炸

种种证据表明，内太阳系在39亿年前经历过猛烈轰炸。在太阳系形成初期的混乱状态结束之后很久，岩质行星遭受的撞击突然急剧增长。尽管这些撞击对地球造成的伤痕长久以来早已因侵蚀而逐渐消失，但是在没有大气的月球上，这些伤疤依然存在。

这一系列凶猛的撞击发生在太阳系诞生6亿年之后，天文学家称之为"后期重轰炸期"。这一事件发生的主要原因很可能与木星有关，关于太阳系形成时的计算机模拟表明，巨行星不太可能在形成时就位于它们现在所处的位置。因此木星应该有过向太阳系内部移动的过程，而这会使其周围的小星星如鸟兽般四散纷飞，其中有很多就撞向了月球和岩质行星。

但是，并非所有人都对此深信不疑。后期重轰炸期的主要证据来源于阿波罗任务带回的月岩，来自月球表面多个地点的岩石印证了大约发生在同一时间的撞击，但是也有一些天文学家认为，只需要几次规模较大的撞击就可能将碎片弹射到月球的各个角落，而这会让原本数量较少的撞击看起来像是发生了很多次一样。

另一个无法解释的问题是地球上生命的出现。撞击事件会令早期的地球变成炽热的炼狱，残酷的环境使得生命根本无立足之地，只有在后期重轰炸期结束之后，生命才有可能诞生。但是最近有证据表明，早在41亿年前地球上就出现了海洋，甚至还可能出现了生命。

所以，生命要么是在此次轰炸中幸存了下来，或者是在被消灭后又重新出现了，要么是后期重轰炸期并没有如我们所想那样发生。无论是哪一种情况，这段时期都是当前研究太阳系动荡历史的焦点。

第 3 章
太阳系

水星

　　这是一个光秃秃的岩石星球。其实，乍一看你有可能会把水星错认为月球。这颗最靠近太阳的行星在白天遭受太阳的炙烤时，温度可达400摄氏度以上。但是，水星没有能保留住热量的大气层，因此在夜间温度又会骤降至约零下200摄氏度。作为太阳系中最小的行星，水星绕太阳公转一周仅需88天，而一个水星日则有将近59天这么长。

　　只有两艘宇宙飞船造访过水星。第一个是20世纪70年代中期飞过的水手10号探测器，还有一个是2011年抵达的信使号水星探测器。在2015年4月科学家控制信使号撞向水星之前，它绕着水星运行了4 000多圈。在所有的人造天体和自然形成的天体中，信使号很可能是唯一一个绕着水星公转过的物体。由于离太阳实在太近，引力的影响过于显著，水星的周围不可能形成卫星，也不可能从别的地方捕获卫星。太阳强大的引力拉扯着水星在每公转两周的同时会自转三周。

这些访问水星的任务为我们提供了从地球上难以观察到的一些细节，因为水星实在是太小了——甚至比木星和土星的一些卫星还要小。水星上最为显著的特征是卡洛里盆地，由水手10号飞过时发现。这是一个古老的撞击坑，也是太阳系中最大的陨石坑之一，直径超过1 500千米。盆地中的地势如波浪般起伏，沟壑纵横，有人说这次撞击就像是敲响了一口大钟，冲击波传向水星的各个角落，凹槽状的地形就是冲击波从撞击地点出发后相位差180°的地方。

和金星一样，水星有时也会挡在太阳的前面，不过水星凌日可比金星凌日发生得频繁得多，一个世纪中大约会出现13~14次水星凌日。2014年6月3日，好奇号火星车曾在火星上观测到水星如同幽灵一般从太阳中穿行而过，而这次水星凌日在地球上是看不到的。这也是人类第一次在另一颗行星上观测水星或金星凌日。

金星

无可辩驳，金星实在是一个可怕的地方。它被厚厚的一层含硫酸的二氧化碳包裹起来，其浓密的大气吸收了大量来自太阳的热量，金星表面的大气压是地球上的93倍。如果有谁傻到想到金星上去探险的话，那么他就会被金星上恐怖的高温、高压所烤焦、压垮和碾碎。

尽管金星并不是离太阳最近的行星，但是浓密的大气使其成为太阳系中最热的行星，由于温室效应太过强大，金星上的温度要比水星高出近40摄氏度。然而，如此极端的条件并没有阻止苏联人探索金星的步伐，从1975年发射金星9号探测器开始，苏联接连发射了好几颗探测器着陆到金星。而金星9号探测器也是第一个从另一颗行星表面拍摄并传回照片的宇宙飞船，它在金星表面炼狱般的环境中勉强坚持了53分钟。

金星是离地球最近的一颗行星，人们常常称它为地球的孪生姐妹，但是二者唯一的相似处是它们的大小——金星的直径是地球的95%。金星有一个很奇怪的特点，金星上的一天比一年还要长。但在我们生活的地球上一天比一年要短得多，因此这一点在我们看来完全不合常理。金星的自转极为缓慢，需要243天才能自转一周，但是绕太阳公转一周只需要225天。金星还是唯一一个顺时针自转的行星[①]，但是它在刚诞生的时候很可能不是这样自转的，也许金星曾被一个巨大的天体撞击过，撞击改变了金星的自转方向，而且也使得金星的自转速度变得更慢。

近年来，麦哲伦号以及金星快车号都曾造访金星。麦哲伦号使用雷达成像系统绘制了一幅金星表面的地图，让我们能够看到云层之下的金星是什么模样。金星上最高的两座山十分引人注目——斯卡迪山和马特山，前者是麦克斯韦山脉的一部分，它是以苏格兰物理学家詹姆斯·克拉克·麦克斯韦（James Clerk Maxwell）的名字命名的，也是金星上唯一一个不以女人或是女神命名的地名。

火星

在所有的行星中，最引人注目的就是火星。纵观人类历史，人们一直在为探测火星努力，担心过是否会有来

[①]　和太阳系中其他行星自转方向都相反，太阳从西边升起，在东边下落。——译者注

自火星的外星人入侵地球，还发射了很多汽车大小的探测器去探索火星。火星是人类除了地球之外最了解的行星，我们所拥有的火星表面地图甚至比地球海底地图还要详细。

火星独特的橙褐色使其得到了一个"红星"的绰号，而火星的颜色之所以如此独特是因为其表面的岩石中含有大量氧化铁（也就是铁锈）。在夜空中，即使只用肉眼观察，你也能发现火星呈现出明显的红色。如今的火星是一片干燥、寒冷的荒漠，不过曾经的火星或许不是这样的。一些火星探测任务发现的线索表明，过去的火星似乎和现在大不相同，可能火星曾有1/3的表面都被海水所覆盖。

火星的气候变化为何如此剧烈仍是一个令人费解的问题，目前占主流的说法是，在诞生之后，随着时间的推移，由于火星本身和地球比较起来个头较小，无法给核心区提供足够的压强，于是其核心逐渐凝固，而这又导致了火星的磁场逐渐消失，于是火星就受到太阳风的不断侵蚀。久而久之，它的大气层几乎被彻底破坏，现在只剩下了一层薄薄的二氧化碳，这使得火星表面的大气压非常低，还不到地球表面的1%。在这样的环境中，水分子无法以液态存在，而是从冰直接升华为水蒸气。

火星的南北两个半球呈现出截然不同的模样——赤道以北一片平坦，赤道以南则山峦叠起，唯一相似的地方是南北两极都被冰雪覆盖。在火星的南半球有一座山叫作奥林匹斯山，它是整个太阳系中最高的火山，也是第二高峰，它比珠穆朗玛峰的高度要高出两倍多，但是攀登起来却容易得多，因为其侧面的坡度仅仅只有5°。如果你站在山脚下的话，甚至都看不到山顶，因为这座山不仅很高，还很大，山顶会消失在地平线上。

火星上还有一个巨大的裂谷，由数道错综复杂的沟槽组成，它沿着火星的赤道划下了一道接近1/4周长的鸿沟，这就是水手峡谷。它是一个叫作"塔西斯高地"的火山高原的一部分。

火星有两颗卫星，火卫一"福波斯"和火卫二"迪莫斯"，它们的名字来源于随战神在战场上厮杀的两个儿子，分别代表"恐惧"和"惊慌"。它们都很小，直径分别只有22.2千米和12.6千米。

机器人探测

我们已经派出了一大批探测器环绕火星，它们着陆并继续在火星表面探索。这些探测器看着沙尘暴席卷整个火星，在另一个世界里看着日出日落，甚至还能从另一片天空中看到我们的地球。它们象征着人类非凡的探索精神。

从1965年到达火星的水手4号到最近的好奇号，这些探测器的主要任务是弄清楚火星上的条件是否利于生命存在。20世纪70年代，海盗号首次成功着陆火星表面，并且对火星土壤进行了检测，以寻找生命存在的迹象。最初的结果表明有生命存在，不过现在火星上并没有生命存在已成为共识。前期的探测器都被限制在着陆地点附近区域内无法移动，而在后来的任务中，人们将带轮子的机器人送上火星表面进行探索。

勇气号和机遇号取得了惊人的成功。它们于2004年着陆，设计寿命仅为90天。勇气号却在火星上撑过了6年，跑出了近8千米，最终陷入了软土中。机遇号则更为强大，在本书写作的过程中，它仍然在火星上辛勤工作，驶出的距离已经超过了一次马拉松的长度。

2012年，好奇号也加入了前辈们的火星探测之旅。好奇号比两位前辈的体积更大，携带的实验器材也更多，大小比得上一辆小汽车，所以无法像之前的探测器那样被包裹在一个充满气的气囊中，弹跳着着陆火星。好奇号借助一台未来感十足的空中起重机降落到地面上，其着陆全程的视频非常值得一看，起重机悬停在空中的白色吊臂实在是一个极富想象力和工程水平高超的惊人壮举。

登上火星

人类很可能在21世纪就能登上火星，不过这可比登上月球要困难得多。月球离地球380 000千米，只需要3天就能到达，但是前往火星却是一个长达2.25亿千米，需要7个月才能到达的漫长过程。

如果人长时间待在太空中会受到辐射的伤害，高能粒子穿透皮肤后会将能量释放到细胞中，对DNA（脱氧核糖核酸）造成破坏，从而导致癌症、辐射病、白内障等疾病，高剂量的辐射甚至会致人死亡。所以宇航员需要采取一些保护手段，而且这些保护措施需要相当轻便，以免妨碍执行任务。另外，人类在路途中需要摄入的食物、水和氧气的总重量会很大，把这么重的载荷运输到火星是相当昂贵的。着陆也很危险，火星的大气层如此稀薄，在着陆的过程中没有足够的气体用于机器减速。

还有一个返程的问题也需要考虑，机器人发射到火星上之后无须返航，但是人类登上火星之后还是需要回来的。想做到这一点，宇航员必须随身携带足够燃料，或者能利用火星上的资源制出燃料。

小行星带

一些来自世界各地的科学家乘着专门制作的实验舱在39 000英尺[①]的高空巡航，所有人的目光以及实验器材都对准着那个冲破了大气层之后以12千米每秒的速度下坠的物体。同时，地面上的4支巡逻队在贫瘠的澳大利亚大陆上一片大小为20千米×200千米的范围中散布开来，等待着它的落地。最终，他们追踪到了它的位置，并将其小心地包装起来带走以备进一步的分析。

科学家此次捕获的猎物虽然来自太空，但并不是在那里诞生的。这是日本宇宙航空研究开发机构（JAXA）发射的隼鸟号小行星探测器，它刚刚完成对25143号小行星"糸川"长达7年的探测任务，这也是人类第一次从小行星上取

---

① 　1英尺≈0.305米。——编者注

回可供研究的样本。

天文学家之所以花费这么大的精力采集小行星的样品，是因为只有通过它们才能对行星形成之前的太阳系进行研究。它们就像是太阳系早期的化石一样，是没有最终形成行星的"积木"。

这些四处翻滚的岩石和金属块遍布整个太阳系，但是其中90%都聚集在火星和木星的轨道之间，形成了一个小行星带。小行星带中的主要成分都是一颗"失败"的行星的一部分——由于邻近的木星产生的引力过于强大，导致这颗行星无法形成。

小行星带的总质量现在只有地球质量的4%，其中的四颗天体的质量——谷神星、智神星、灶神星和健神星——就占到了1/2，剩下的其他小行星就一个比一个小，一直小到我们在路上见到的卵石那么大，甚至还有尘埃般大小的。较大的那些小行星一直是人们密切关注的对象。NASA发射的黎明号探测器于2011年造访灶神星，并在一年后再次启程前往谷神星，2015年到达。黎明号探测器是历史上第一个环绕过两个不同的太阳系天体运行的宇宙飞船。

小行星带中直径超过1千米的小行星大约有200万颗，

你可能觉得穿越小行星带是一场惊心动魄的危险旅途，就像电影《星球大战》里面的那样，你需要在迎面而来的碎石中躲来闪去。但其实并不会像这么局促，关于小行星带的一些插图和动画总是把里面的碎石画得很大以便我们能清楚地看到它们，事实上，每两颗小行星之间的平均距离接近100万千米。

对地球的威胁

如果有一天小行星撞向地球，那将是一场巨大的灾难。在6 600万年前，一颗直径10千米——足足有一个小城市那么大——的小行星撞向了墨西哥海岸，释放出地狱般的能量，我们至今还能看到当时撞击留下的陨石坑。海啸席卷全球，天空中下起了火雨，森林被夷为平地，随之而来的就是混乱的物种大灭绝。大量的碎石和灰尘被抛入大气层中，使得地球进入了核冬天。由于缺乏阳光，植物开始大范围死亡，接下来死亡降临到植食性动物身上，再之后则是肉食性的灭绝。短短100年里，包括恐龙在内的70%的陆地生物都灭绝了，而海洋生物的灭绝比例则高达90%。

值得庆幸的是，这种级别的物种大灭绝非常罕见。科学家认为，直径5千米以上的小行星大约每2 000万年才会撞击地球一次，并且我们和恐龙相比有一个巨大的优势，我们是有望远镜的。现在，自动化的望远镜正在扫描天空中所有直径超过1千米的物体，并预测它们未来100年内的运行轨道。好消息是，目前我们并不用为这样的撞击事件感到担忧。

但是，有时我们也会遭受一些小规模的撞击。2013年，在俄罗斯车里雅宾斯克州上空，一颗火球从天而降。这是一颗直径20米的小行星，它就像轰炸机扔下的炸弹一样，对这里进行了一次大规模袭击。万幸的是，此次撞击事件中并没有造成人员死亡，有一些人受伤，因为冲击波震碎了窗户，碎玻璃飞了起来。

将来总有那么一天，地球会再次面临一颗大型小行星的威胁，而到那时，我们就可以采取某些措施来避免灾难发生。不过，像好莱坞电影里面那样采用核武器，其实是一种很糟糕的选择，因为这只能击碎较大的小行星，但是造成的碎片还是会冲向地球。最好的解决方案之一是令小行星保持为一个整体，然后发射一个空间探测器，利用空间探测器产生的引力把这颗小行星逐渐引开。

表 3-1 太阳系行星概况一览

行星	直径	与太阳的距离	一天的长度	一年的长度	平均气温（摄氏度）	已知卫星数量
水星	0.38	0.39	58.7 天	88 天[①]	67	0
金星	0.95	0.73	243 天	225 天	462	0
地球	1	1	24 个小时	365 天	15	1
火星	0.53	1.52	24.6 个小时	1.88 年	−63	2
木星	11.21	5.2	9.84 个小时	11.86 年	−161	69
土星	9.45	9.54	10.2 个小时	29.46 年	−189	62
天王星	4	19.18	17.9 个小时	84.07 年	−220	27
海王星	3.88	30.06	19.1 个小时	164.81 年	−218	14

67P 彗星、罗塞塔号探测器与菲莱着陆器

这是航天史上最大胆的探索之一。由欧洲航天局发射的罗塞塔号探测器历经十年跋涉，走过了长达 64 亿千米的路，终于追上了 67P/ 丘留莫夫 – 格拉西缅科彗星（简称 67P 彗星），当时它正位于火星和木星的轨道之间。

---

① "天"指地球上的一天。——编者注

与小行星一样，彗星也居住在行星的空隙之间，但是和由岩石和金属构成的小行星不同的是，彗星主要是由冰构成的。它们绕日公转的椭圆形轨道非常扁，离太阳最远处比海王星还要远，而最近处几乎是和太阳脸贴脸。由于彗星经过地球时，我们可以看到非常壮观的景象，所以几千年来，人类一直对彗星充满好奇。而彗星在靠近太阳的过程中会被加热，并被强烈的太阳风吹拂，这使得它们会拖着两条长达数亿千米的彗尾。

图 3-1   2014 年，欧洲航天局历史性地发射了菲莱号着陆器登陆 67P 彗星

欧洲航天局曾发射过一艘宇宙飞船拍摄彗星，但是之前还从未试过发射登陆的探测器。考虑到 67P 彗星在公

转轨道上以55 000千米每小时的速度运行，令探测器着陆可不是一般的成就。2014年11月12日这天，当罗塞塔号释放出洗衣机大小的菲莱号着陆器准备在这颗彗星上着陆时，科学家们都屏住呼吸瞪大了眼睛，静待奇迹的发生。

着陆过程并不是很顺利，因菲莱号上的鱼叉式着陆装置未能发挥作用。菲莱号在彗星的表面反复弹起了几次，之后掉入了黑暗裂缝中。由于在黑暗中太阳能电池板无法供电，因此仅仅两天它的电量就耗尽了。经过6个多月的强制冬眠之后，菲莱号在2015年6月再次醒来，并对罗塞塔号发出呼叫，因为在经过太阳的过程中，彗星上的冰融化了一些，将菲莱号从阴影中解放出来。

科学家们仍在对此次探测任务得到的大量数据进行分析，目前已得出的结果是，彗星上的水似乎与地球上的水不同，其中氘的含量较高，而这与地球上的水来自像67P这样的彗星这一说法相矛盾。

木星

只需要一台小小的望远镜，我们就能领略到这位行星之王的英姿——它独特的橙色，以及层层叠叠的云。而用口径稍大一点儿的望远镜，你就能看到木星表面著名的大红斑了。不过需要注意的是，由于木星的自转非常快——不到10个小时就能自转一周——所以当我们看到木星表面的大红斑时，它可能已经转到背面去了。如此快的自转速度也使得木星的赤道地区明显要比两极地区更"胖"一些。

作为所有环绕着太阳运行的行星中最大的一颗，木星比其他所有的行星加起来都还要大，它的肚子里能装得下1 321个地球。木星到太阳的平均距离是7.78亿千米，完成一周公转需要近12年。

木星的构成成分与太阳大致相同——75%的氢和24%的氦。不过，在木星的表面之下发生着什么，我们仍然不太清楚。有人提出木星有一个致密的核心，但是我们不知道这个核心会有多大。天文学家还认为在木星的核心区和外部大气之间存在一层液态氢。

大气中云带的运动方向常常与自转方向相反。暗一些的区域称为"区"，亮一些的区域称为"带"。在那里探测到的闪电比地球上的要强1 000倍，而位于木星南半球云带中的大红斑则是一个已经存在了很长时间的巨大反气旋。

之前它有4个地球那么大，不过最近的观测结果显示它正在逐渐变小。我们尚未完全弄明白其缩小的原因，不过已经观测到一些被称为涡流的小型气旋进入其中，它们可能正在改变大红斑的内部结构。

关于木星，有一个小知识可以说是鲜为人知，它其实是有光环的，事实上，太阳系外侧的4颗巨行星都有光环。与土星那个由冰组成的光环不同，木星的光环是由尘埃组成的。木星光环是1979年旅行者1号探测器掠过时被发现的。

作为太阳系中最大的行星，木星产生的引力也是最强的。有关它在太阳系形成的过程中起到了什么样的作用仍有许多争论，我们知道的是，木星与后期重轰炸期的那一系列发生在内太阳系的猛烈撞击脱不了干系。不过，目前我们还不清楚木星到底是我们的朋友还是我们的敌人——它是会为我们清扫即将撞击地球的物体，还是会把它们集结到一起来威胁我们的安全呢？当然，两者都有可能。

木星的卫星

正如你所想，最大的行星也拥有最多的卫星——目前已发现了69个。这些卫星中大多数都很小——这部分卫星原本是小行星或卫星，由于离木星太近而被它强大的引力捕获。木星的卫星中有很多都值得进一步研究，特别是伽利略在1610年发现的4颗被称为伽利略卫星的卫星：艾奥、欧罗巴、加尼美得和卡里斯托。

加尼美得是太阳系中最大的卫星，其直径超过5 000千米，甚至比水星还要大，然而，它并没有直接绕着太阳公转，所以它不是行星。它的邻居卡里斯托则保留了一个非常古老的表面，40亿年来几乎没有什么改变，上面有着比太阳系中其他任何天体都要多的撞击痕迹。

不过，艾奥和欧罗巴可以说是木星最有趣的两颗卫星了。艾奥绕木星公转一周仅仅要1.5天，并且它与木星相隔的距离非常近，这引发了非常强大的潮汐，于是这颗卫星不断地在进行放大缩小的循环。这种持续的变化被称为"潮汐加热"，它导致这颗卫星上的岩石被熔化，并为其表面的400多座活火山不断提供能量，使得艾奥成了太阳系中火山活动最活跃的地方，硫黄如火箭般被喷射到数百千米高的天空中。毫无疑问，它的含水量是太阳系所有天体中最低的。

朱诺号木星探测器

最近，由 NASA 发射的朱诺号探测器传回了清晰度空前的木星照片。它于 2016 年到达木星，成为第二个围绕这个太阳系中最大行星运行的人造天体。第一个是伽利略号，它于 2003 年完成了自己的使命。探测器将大量壮观的照片如潮水般传送回地球，照相技术的发展体现得淋漓尽致。

朱诺号在俯冲的过程中近距离地拍摄了木星大红斑的照片，以帮助天文学家探明其缩小的原因。探测器对于木星引力的精确测量将有助于探究木星核心，而分析木星的大气成分有助于了解木星和太阳系的形成。

朱诺号此行还携带了三个铝合金制的乐高人偶，它们分别代表了罗马神话中的众神之王朱庇特、神后朱诺，以及第一位用望远镜观测木星的天文学家伽利略。

距离更远一些的欧罗巴则没有艾奥这样的问题，不过它表面的冰会被加热，并融化成水。欧罗巴表面的液态水极其多，甚至可能会比地球上所有的海洋、湖泊、河流中的水加起来还要多。这令它成为寻找太阳系中其他生命的首选地。

土星

土星是我们祖先古代就知道的行星中的最后一个，它离太阳的距离接近15亿千米。事实上，尽管距离我们这么远都能直接用肉眼进行观测，可见土星能够用于反射太阳光的体积之大。作为太阳系第二大行星，土星的"肚子"里能装得下750个地球。

不过作为一个体积这么大的行星，土星的质量却轻得令人难以置信，因为它的密度仅为0.7克每立方厘米，是所有行星中最低的，比水的密度还要小。也就是说，如果有一个足够大的浴缸，那么土星可以在里面漂起来。不过，如果真这么做的话，土星会把这一缸水都给冻住——土星的平均温度为零下178摄氏度。

这颗行星独有的黄色来自其大气层中的氨晶体。土星大气中偶尔会有风暴呼啸而过，而且每30年土星运行至离太阳最近的那一点时，风暴都会变得更加频繁。

旅行者号探测器在经过土星时发现，土星北极的上空有一个六角形的云，其每个边的边长都大于地球直径。卡西尼号探测器也观察到了这一现象，并且在2013至2017年间，它的颜色从蓝色变成了金色。

与木星一样，天文学家也不清楚土星的云层之下是什么情况。他们认为氨晶体的下方存在水云，再往下则是一层金属氢①，最后则是一个密度很大的岩石内核，质量大约是地球的9~22倍。甚至有些科学家认为，土星的大气层中每年会产生1 000吨钻石，其形成过程是甲烷气体在闪电作用下转化为碳粉，然后在高压下变成钻石，并落入核心。

土星环

土星的神秘光环是太阳系中最著名的一道美景，然而尽管已经做了很多研究，我们仍然不知道这个光环从何而来。

从远处看过去，土星的光环是浑然一体的，不过它们其实是由无数块一栋房子那么大的冰块组成的。如果把光环上的这些冰收集到一起，我们就能得到一个和土卫一差不多大的东西。因此，它很可能来自一颗被土星引力撕碎或者在碰撞中被击碎的卫星。

卡西尼号得到的最新数据表明，与整个太阳系的年龄

---

① 金属氢指液态或固态氢在高压下变成导电体，具有类似于金属的性质。——译者注

相比，土星环十分年轻，大约形成于1亿年前。很多年后，它们可能就会在太阳风的吹拂下逐渐变得暗淡。生活在能看到土星环的年代是我们的幸运，因为土星在一生中的绝大部分时间里似乎都没有光环。

只需要使用业余望远镜，你就能注意到土星的光环上有空隙，其中最大的一条被称为"卡西尼环缝"，而米玛斯（土卫一）正是在这条缝中运行——来自卫星的引力会维持着这条缝一直存在。土星还有一些卫星在光环内的轨道上运行——它们被称为"牧羊犬卫星"。我们采用大写字母给土星环编号，不过编号依据并不是其到土星距离的远近来编号，而是我们发现环的顺序。

土星环还有许多未解之谜，自从20世纪80年代早期旅行者号飞过土星之后，天文学家就注意到土星环上有一些黑色斑点，它们就像自行车车轮上的辐条一样展开。近期卡西尼号也拍到了这种现象，但是我们仍然不知道这些黑斑是什么。

卡西尼号探测器

卡西尼号探测器打破了我们对于带环行星的理解。它发射于1997年，并在2004年到达土星。它在2006年9月15日拍摄了天文学史上最为壮观的照片之一。在照片中，土星遮挡住了太阳，在逆光的情况下，太阳光照亮了土星那令人瞠目结舌的光环系统（见图3-2）。这还不是全部，仔细看的话你会发现有一个很小的点。你可能会以为这是一颗土星的卫星，但实际上它是超过10亿千米远的地球。

图3-2　NASA发射的卡西尼号探测器逆光拍摄了
太阳光照亮土星环的惊艳场景

2017年，由于燃料不足，卡西尼号在任务接近尾声时进行了20多次大胆的俯冲。它以10万千米/时的速度冲到了离光环最近的地方。卡西尼号在光环中穿梭的过程中，又拍摄了一张地球的照片。

最后，天文学家于2017年9月决定让卡西尼号坠入土星，而此时距离卡西尼号离开地球进入太空已经20年了。这一自毁的举动是为了防止它污染土星环或土星的卫星。

土星卫星

像木星一样，土星也有60多个天然卫星，其中的大多数卫星都很小，不过，其中最大的一颗名为泰坦（土卫六）的卫星比水星还大，同时也是太阳系中仅次于木星的卫星加尼美得的第二大卫星。

米玛斯的绰号是"死星"，因为它和《星球大战》中的那个卫星大小的空间站长得很像。这个看起来有些诡异的组合实际上纯属巧合——在拍摄到米玛斯第一张照片之前三年，死星就已经在大荧幕上出现过了。

在土星的所有卫星中，属亥伯龙长得最奇怪，它就像是宇宙中的一块巨大的浮石[①]，表面上坑坑洼洼，形状也不规则。这是人们发现的第一个非球形的卫星，它可能是很久以前的一次撞击事件中产生的碎片。

---

① 浮石，指采矿作业中发现的顶板中已产生裂缝但尚未脱离矿体的石块。——译者注

目前，最为引人注目的土星卫星则是恩克拉多斯。在这颗卫星上，液态水正从其表面的冰缝中喷涌而出。2017年，天文学家宣布他们在这里发现了一些复杂的化合物——这是构成生命的基石，而这些化合物再加上水，就已经组成生命诞生的要素了。不过，后来科学家又发现了有毒物质——甲醇，这的确给研究者带来了一些打击，不过不可否认的是恩克拉多斯和欧罗巴一样，很可能适宜生命居住。

接下来，我们认识一下土星的卫星泰坦。它不仅很大，而且还拥有一层浓密的大气——它也是太阳系中唯一一颗拥有大气层的卫星。天文学家们让惠更斯号探测器穿透云层登陆泰坦。2005 年 1 月 14 日，惠更斯号降落在位于"世外桃源"地区的一片干涸的河床上。这是目前为止唯一一个在外太阳系着陆的探测器。

泰坦的表面对我们而言，看起来是非常熟悉的模样——海岸线、群岛、礁石、半岛等，这些都是古代海浪冲刷侵蚀而成的。只是有一点儿不同，这里离太阳实在是太远了，天寒地冻，几乎不可能有液态水存在，这里海洋中的"水"实际上是液态甲烷。

天王星

我们总是觉得住在地球的两极地区可能会是一件很糟糕的事，因为总是会有极昼或者极夜。不过，天王星上的两极地区的情况可远比地球上更加极端。

这颗行星是躺在自己的运行轨道上的，它的自转轴差不多和绕太阳公转的轨道在同一个平面上。它公转一周需要84年，也就是说在天王星的两极地区会先经历长达42年的白昼，接着再是42年的黑夜。而且，那里可没有"天亮"一说。天王星离太阳的距离比地球远20倍，接收到的太阳光强度只有我们的1/400。天王星的直径是地球的4倍。

目前，对于天王星为何如此古怪地躺着运行还没有一个明确的解释，不过就像解释太阳系中的其他奇特景象时使用的理由一样，很多人都认为这也是一次大规模的撞击引起的。天王星的光环随天王星一起倾斜了过来，所以我们在观测天王星的时候会发现它的光环跨过了整个行星，而土星的光环则看起来是分布在两侧的。

天王星和海王星也被称为"冰巨星"，它们的化学成分使其有别于木星和土星这样的气态巨行星——在离太阳这么远的地方，无论是水还是氨和甲烷，统统都变成了冰。

迄今为止我们发现的天王星卫星有27颗，它们的名字都取自莎士比亚或者亚历山大·蒲柏的作品中的人物，比如罗密欧、朱丽叶、奥菲莉亚（出自《哈姆雷特》）、帕克和奥伯龙（出自《仲夏夜之梦》）。

天王星的卫星中，最大的一颗是泰坦尼亚（出自《仲夏夜之梦》），不过其直径还不到月球的一半，约为800千米。米兰达（出自《暴风雨》）是最独特的一个，其表面有许多巨大的伤疤，有人认为，这是因为它曾被撞得支离破碎，之后再也难以聚合成原来的样子。

旅行者2号是唯一一个造访过天王星的探测器。在1986年飞过这颗行星时，它观察到天王星的蓝绿色大气中几乎没有什么动静，这与它那个活跃的邻居[1]形成了鲜明的对比。有人提出要专门发射一个探测器去探索一下这颗被忽视的行星，以破解那些关于它的秘密。

海王星

1989年的夏天，旅行者2号驶离海王星朝向更远的外太

---

[1]　指海王星。——译者注

空进发时，科学家们将摄像头最后一次对准海王星，看了它和它最大的卫星崔顿最后一眼。在照片中，它们俩在太阳光的照射下就像两弯新月。

与天王星不同，海王星的海蓝色表面非常活跃。旅行者2号在它的南半球发现了一个跟地球差不多大的"大黑斑"，在它的附近还有一个更明亮且处于高速移动中的风暴，我们称之为"滑行车"。但是，1994年哈勃空间望远镜对海王星进行观测时，这个大黑斑已经消失了，取而代之的是北半球出现的一场新的风暴。海王星的风暴中有着全太阳系最强的风，风速高达580米每秒。

海王星的质量处于地球和木星之间，比前者重17倍，是后者的1/19。它到太阳的距离比地球远30倍，公转一周需要花费165年，温度低至零下218摄氏度。

至今已发现14颗属于海王星的卫星，其中最新的一颗发现于2013年。在已知的这些卫星中，最令人感兴趣也最令人困惑的就是崔顿。它的地质活跃度很高——与木卫一艾奥和土卫二恩克拉多斯一样，并且它绕海王星公转的方向与海王星绕太阳公转的方向相反。它也是太阳系中唯一一个有着逆行轨道的大型卫星。

这一现象使我们很难搞清楚它从何而来。正常情况下，逆行的卫星都是一些小天体，比如被引力捕获的小行星和彗星，它们在靠近行星时就是沿着逆行的方向，被捕获后自然就沿着逆行轨道运行。但是对于一个直径 2 700 千米的天体来说，这么做可就没那么容易了。很多天文学家都认为，崔顿曾是一颗矮行星，被海王星的引力从更远的地方吸引而来。但是为什么它没有和海王星相撞而是进入公转轨道变成了一颗卫星，天文学家目前还不清楚其中的原因。

矮行星崔顿的西半球的表面看上去很奇怪，就像哈密瓜的瓜皮一样，因此天文学家将其称为"哈密瓜地形"。它的南极有一层冻结的氮和甲烷，其上覆盖着从间歇性冰火山中喷发出来的火山灰。

冥王星

冥王星是比海王星离我们还要远的冰封的雪球，它有一段窘迫的经历。当美国天文学家克莱德·汤博（Clyde Tombaugh）于 1930 年发现它之后，人们立马将其认作太阳系的第 9 颗行星，然而还不到一个世纪，它就被降级了。

这个问题出现于 21 世纪初。首先是天文学家发现了阋神星，这是一个比冥王星大一些的天体，并且它也围绕着太阳运行，因此天文学家面临着如何给阋神星分类的问题。既然冥王星都已经是行星了，那么阋神星也应该是行星——它也直接围绕太阳运行，而且比冥王星还大点儿。但是，行星和太阳系中其他同样围绕太阳运行的小天体之间的区别在哪里呢？

冥王星地位受到威胁的原因还不止于此。首先，它的轨道与海王星有交叉。冥王星绕日公转一周所花费的时间长达248年，但是其中有20年它比海王星离太阳更近，例如1979至1999年。另外，它还被海王星的引力所影响，与其形成了被天文学家称为轨道共振的现象，每当冥王星完成两次公转，海王星都会完成三次公转，因此二者总会保持距离，并不会相撞。

冥王星与其最大的卫星卡戎之间的关系也相当反常。与其他正常的行星—卫星系统不同的是，严格说来，卡戎并没有绕着冥王星公转，是它们一起绕着两者之间的某一点运行。

所以到了做些什么的时候了。2006年夏，国际天文学联合会在一次会议中做出决定，将冥王星（以及阋神星）重新分为一类，称为矮行星。冥王星之所以被降级是因为它"未能清除轨道附近的其他物体"——它在自己围绕太阳公转的轨道上并不是最大的天体（是海王星）。这一决议至今仍不断遭受质疑。

在更早一些的2005年，那时冥王星还被视为行星，NASA发射新视野号探测器前往冥王星探索，而当它于2015年到达的时候，它的目的地已经不再是行星了。不过，这并不妨碍新视野号为我们展示了一个远远超出想象的迷人世界，它给我们带来了这个寒冷世界的第一张高分辨率图像。尽管温度低达零下240摄氏度，但是冥王星比想象中要活跃得多，一些尚未探明的地质活动在最近一段时间内重塑了它的表面。

作为新视野号探测任务开始前的准备工作，天文学家在冥王星周边搜寻是否还有别的可能干扰此次探测的卫星。他们找到了两个——科波若斯和斯提克斯，在它们之前，我们已经知道的冥王星卫星有三个：卡戎、尼克斯和许德拉。

矮行星

这项严格定义了行星和矮行星概念的决议使得之前的

教科书全部作废了。以下是2006年8月于布拉格举行的IAU会议上由天文学家们通过的决议原文中的一部分：

（1）行星是一个具有如下性质的天体：

（a）位于围绕太阳的轨道上；

（b）有足够大的质量来克服固体应力而达到流体静力平衡的形状（近于球形）；

（c）已清空其轨道附近的其他物体。

（2）"矮行星"是一个具有如下性质的天体：

（a）位于围绕太阳的轨道上；

（b）有足够大的质量来克服固体应力而达到流体静力平衡的形状（近于球形）；

（c）还没有清空其轨道附近的其他物体；

（d）不是卫星。

冥王星由于未满足第1（c）条被降级，不过有被降级的就有被升级的。谷神星作为小行星带中最大的一颗小行星，在1801年刚被发现的时候也被认为是一颗行星，不过随着越来越多的小行星被发现，它就失去了这一身份，但是2006年的这项决议将谷神星提升为矮行星。而在比冥王星还遥远的地方，有三个天体——阋神星、妊神星、鸟神星——也被列入矮行星的行列。

阋神星是太阳系中尚未有探测器造访的最大天体，它到太阳的距离比地球到太阳远将近100倍，需要558年才能公转一周，其迄今为止被发现的卫星只有一个——迪丝诺美亚。

妊神星的形状是有些奇怪的卵形，带着它的两颗卫星海雅卡和纳马卡一起绕着太阳运行。2017年，天文学家发现它也有一个光环。妊神星的名字来自一个夏威夷女神，因为它是被夏威夷岛上的望远镜发现的。它之前还有一个外号叫"圣诞老人"，因为它是在圣诞节后不久被发现的。

鸟神星的名字则源自复活节岛神话——它是在复活节这天被发现的，因此最初它有一个绰号叫"复活节兔子"。在2016年有人发现了它的一颗卫星，不过这颗卫星在本书写作时还未被正式命名。

事实上，矮行星远远不止5颗，比如塞德娜就几乎可以确定是一颗矮行星，但是它距离太阳实在太远，公转一周需要长达11 400年，这就使得我们很难确定它的形状是否近似球形。所以，我们建造出口径更大的望远镜对这些远处的小天体进行观测之后，一定能发现更多的矮行星。

柯伊伯带和离散盘

随着1930年冥王星被发现，人们的想象力一下被激发了。天文学家开始推测，这颗行星只是海王星外围绕太阳运行的众多行星中的一个而已。数十年过去，无数人都对这一观点进行过研究和修正，而荷兰天文学家赫拉德·柯伊伯（Gerard Kuiper）的名字与海王星外的这片区域联系最为紧密，现在我们仍把这片区域叫作"柯伊伯带"。

这听上去可能有些不对劲儿，柯伊伯曾明确地表示过这片区域并不存在，反而是爱尔兰天文学家肯尼思·埃奇沃思（Kenneth Edgeworth）所提出的观点更接近真相，而且他是在柯伊伯之前提出的。但是，当1992年在海王星之外发现除了冥王星之外的第一个天体时，人们却认为这证明了柯伊伯带的存在，并没有用"埃奇沃思带"这个名字。

柯伊伯带位于海王星轨道之外，到太阳的距离大约是地球到太阳的55倍。到目前为止，我们已发现了超过1 000个柯伊伯带天体（KBO）。天文学家认为，柯伊伯带中直径超过100千米的天体可能多达10万个。然而，它们的总质量还不到地球的1/10。天文学家还提出，这些天体就像行星一样，是由星子组成的，但是因为离太阳很远的地方的星子数量太少，所以它们的个头就比行星小得多。KBO中最著名的天体就是冥王星，此外还有妊神星和鸟神星这两颗矮行星。

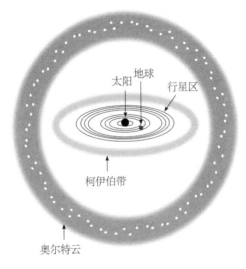

图 3-3　太阳系中并不是只有行星，在海王星之外还有柯伊伯带和奥尔特云

　　阅神星也是位于海王星轨道之外的矮行星，不过它的位置比柯伊伯带还远，这个地方被我们称作"离散盘"。这里的天体甚至会运行到离太阳100倍于日地距离远的地

方。离散盘的起源尚不明确，但是大多数天文学家都认为与海王星有关——在太阳系形成早期，海王星在向外移动的过程中将柯伊伯带的一些天体散射出去后形成了离散盘。

第九颗行星和第十颗行星

以前在西方有一句用来记住九大行星排列顺序的顺口溜："My Very Easy Method Just Speeds Up Naming Planets."[①]但是冥王星被降级后，这句顺口溜可能得改了。

随着对海王星之外的天体探索得越来越多，我们也看到了越来越多的奇怪现象。有人在2014年指出，有两个柯伊伯带天体——塞德娜和2012 VP_{113}——的轨道非常相似。具体来说，它们的近点幅角几乎相同——近点幅角指天体最靠近太阳时相对于升交点的角度。这个数值应当具有很大的随机性，但是这两个天体的近点幅角却诡异的相同。后来在2016年，天文学家又发现了4个近点幅角与它们相同的天体，如果这个数值真的随机生成的话，那么发生这种情况的概率仅有0.007%。

---

① 9个单词的首字母依次是之前九大行星的首字母。——译者注

最有可能的解释是，太阳系中还有一颗行星尚未被我们发现。就像我们通过海王星的引力对天王星的影响计算出了海王星的位置，这颗未知行星的引力可能已经施加在这6颗小小的天体之上。这颗未知行星的质量大约是地球的10倍，绕太阳公转一周需要花费10 000~20 000年。天文学家们正疯狂地在天空中搜寻这颗近两个世纪来的的第一颗新行星。

图 3-4　外太阳系的一些小型天体可能是在未知的第九颗行星的引力影响下，
　　　　才形成了相似的轨道

尚未被发现的行星甚至可能不止一个。2017年6月，一些天文学家在一项研究成果中提出，柯伊伯带中一些天体的运行轨道受影响的问题可以用那里存在着第十颗行星（如果第九颗行星确实存在的话，它就是第十颗行星）来解释。不过，它的质量可就比第九颗行星小得多了，应该和火星的质量差不多。

显然，我们对于太阳系的探索还远未完成，可能在未来的几年里，我们的认知就将被再次打破。

旅行者号与太阳风顶

太阳系的尽头在哪里？一种定义太阳系边缘的方法是寻找太阳磁场的影响从何处开始减弱，旅行者号帮助我们获取了有关所谓的日球层边缘的精确数据。

在旅行者2号还在对天王星和海王星进行探索时，旅行者1号正在向太阳系的边缘进发，现在它已经远离太阳超过200亿千米，旅行者2号则在它身后大约30亿千米处。尽管它们处于漆黑一片的太空之中，什么也看不见，但是这两个探测器所携带的科学仪器仍在工作。它们每天都会发回对于太阳风的测量数据，而这些无线电信号[1]需要经历30多个小时才能到达地球。

值得注意的是，从2010年开始，旅行者1号测量到的

---

[1]　其传播速度为光速。——译者注

太阳风风速便已降至零。到了 2012 年 8 月，天文学家们已经确信，宣布旅行者 1 号已经飞越了太阳风顶——日球层的边缘——进入了星际空间。它是第一个离开太阳系的地球使者，以目前的速度，它大约需要 30 000 年才能到达下一个太阳系。

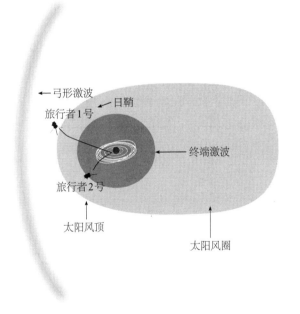

图 3-5　2012 年，旅行者 1 号成为第一个穿越太阳风圈的人造物体

奥尔特云

公转周期在200年以下的短周期彗星来自柯伊伯带和离散盘，比如哈雷彗星和67P彗星。但是，公转周期更长的彗星则被认为来自更远的"冰库"——奥尔特云。它的分布范围非常大，从比离散盘远1 000倍的地方开始，一直延伸到离太阳30万亿千米处——这比太阳和最近的恒星之间距离的一半还要多。它是以荷兰天文学家简·奥尔特（Jan Oort）的名字命名的。但是奥尔特云的存在还仅限于理论上说得通——那里的彗星离太阳实在太远了，用现有的望远镜根本不可能直接观测到它们。旅行者1号将在大约300年后到达这片区域，但是它的电池可能坚持不了这么久。太阳的引力对这些彗星的影响已经很小了，但是路过的恒星会产生一些推动力，将它们推向太阳系内部。而这也是让它们返回故乡——天文学家认为这些彗星形成于太阳系内部，但被巨行星在移动至现行轨道上的过程中抛向了远方。

旅行者1号的确应该作为一个非常有价值的开端被载入史册，但是它是否真的已经离开了太阳系还有待商榷。它只是越过了以磁场强度定义的太阳系边界，但是在更远的地方很可能仍然存在围绕太阳运行的重要天体，尚未被发现的第九颗行星很可能就在那里。如果旅行者1号没有走得比太阳系最外侧的行星更远，我们还能说它已经离开了太阳系吗？

尼斯模型

　　如今的太阳系是一个具有许多复杂特征的地方，从一个由碎石组成的环绕在新生太阳周围的行星盘变成一个由行星、卫星、矮行星、小行星和彗星组成的极其复杂的系统绝非易事。不过，近年来超级计算机的出现倒是对我们大有帮助，它们能够建立起非常详细的模型进行计算。目前最合理的模型是尼斯模型，它是在法国城市尼斯被提出的，科学家因此使用了这座城市的名字为其命名。

　　该模型表明，太阳系的4颗巨行星在受引力作用迁移至如今所在的位置之前离得很近，如果木星内迁而其他三颗行星外移的话，计算结果就会是我们今天所看到的太阳系。在一些模型中，天王星和海王星的位置甚至会发生互换。当木星入侵小行星带时，它就会把这些太空中的岩石抛向太阳系内部区域，而这很可能就是造成后期重轰炸的原因。类似地，当海王星向外入侵柯伊伯带时，就会把那里的小型天体向外推，形成离散盘，甚至可能正是从那里捕获了它那颗不同寻常的大型卫星崔顿。一些彗星则被推向了更远的地方，形成了奥尔特云。

最初，尼斯模型只计算了存在4颗巨行星的情况，而当天文学家把条件设置成5颗巨行星再次进行计算之后，令人惊讶的事情发生了，这次的计算结果与现有太阳系的相似度比之前用4颗巨行星进行计算时还要高。如果真的有第五颗巨行星的话，它现在在哪里呢？如果它曾被其他的巨行星推开，那么它可能最终被放逐到了海王星轨道外的地方。如果我们真的找到了那个第九颗行星的话，它一定是那颗失踪的第五颗巨行星。

不过，这个存在5颗巨行星的模型还存在一个问题，最近的模拟显示它们的迁移会对岩质行星造成灾难性影响。几乎在每一次计算结果中，水星最后都会被完全弹出太阳系，但是这件事在现实中显然没有发生。当然，我们可以用这些巨行星的迁移发生在岩质行星形成之前的说法来回答这个问题，但是这样的话木星引发了后期重轰炸期的说法就又说不通了。当然，那些主张从未发生过后期重轰炸期的人一定乐于见到这种情况。

　　所以，当我们把最新的计算机模拟结果与海王星以外广阔空间中的新发现结合在一起之后，我们对太阳系的形成的想法也会不断变化。

第 4 章
恒　星

恒星有多亮?

只要仰望过星空，哪怕只是轻轻一瞥，你都会注意到有一些星星比其他星星更加明亮。天文学家有一套描述一颗星星亮度的系统——视星等。这个系统建立在织女星的亮度之上，那是夜空中最明亮的恒星之一。织女星的亮度被定义为零等，所有视星等为负数的星星都比织女星亮，而视星等为正数的星星则比织女星暗。在这样的计量尺度中，每一等之间的亮度大约差2.5倍。比如，一颗视星等为–1.0的星星的亮度是织女星亮度的2.5倍，而对一颗视星等为+2.0的星星来说，织女星的亮度是它的6.25倍（也就是2.5×2.5）。

需要注意的是，夜空之中最明亮的物体并不是恒星，满月（–12.74）、国际空间站（–5.9）、金星（–4.89）、木星

（–2.94）、火星（–2.91）都比恒星更亮。最亮的恒星是视星等为–1.47的天狼星。

在我们眼中看起来很亮的恒星并不一定真的很亮，它可能只是离我们很近而已。同样，一颗非常明亮的恒星也有可能因为离我们太远而看起来很暗。所以，天文学家提出了另一套描述恒星真正亮度的系统，叫作绝对星等。这种方法是把一颗恒星放到离我们32.6光年的地方之后再计算它的视星等，绝对星等每一等之间亮度的差距与视星等相同。

天狼星就是一个典型的例子，它的视星等是–1.47，但绝对星等仅为1.42，它看上去是夜空中最亮的恒星只是因为它离我们很近。而猎户座的参宿七就不一样了，其视星等为0.12，绝对星等却达–7.84。它是我们在夜空中能看到的发光能力最强的恒星之一。

变星

并不是所有的恒星亮度都是固定的——有一些恒星的视星等会随着时间的推移发生变化，天文学家称这类恒星为变星。恒星视星等的变化通常是由以下两种原因之一造成的：一是它们自身的亮度的确发生了变化；二是有某个天体周期性地挡在它与我们之间，也就是挡住了我们的视线。

　　大陵五是最为著名的变星之一，人们将其称作"魔星"。在星图上，它常被描绘成大英雄珀尔修斯高举着的美杜莎首级之上的恶魔之眼。其亮度变化周期为2.86天，在一次周期内，大陵五的视星等会从2.1等变为3.4等，持续约10个小时后再恢复到2.1等。之所以会发生这样的变化，是因为大陵五并不只是单独的一颗恒星，而是一个由三颗恒星组成的系统，当较暗的恒星掩食最亮的恒星时，大陵五的亮度（即整个系统的亮度）就会下降。

　　造父变星则是另一种变星中的代表。北极星——或称紫微星、北辰、勾陈——就是离地球最近的造父变星。这一类恒星会周期性地膨胀和收缩，而这会导致它们的亮度发生周期性变化。

恒星有多远？

　　我们需要知道一颗恒星距离我们多远，才能根据视星等计算出它的绝对星等。可是在太空中用卷尺测量长度是不可能的，我们要怎样才能得知恒星到底有多远呢？对于那些离我们很近的恒星，包括许多夜空中能见到的恒星在内，我们都可以使用视差法来计算它到我们的距离。

　　为了便于理解这个方法，我们把食指当作一颗恒星来做一个简单的小实验。请你举起食指并张开手臂，闭上一只眼睛之后用食指与远处的某个物体对齐——可以是相框的边缘，也可以是房间的某个角落。然后，闭上这只眼睛再睁开另一只眼睛，你会发现，在你的视野中，现在食指对齐的已经不是刚刚对齐的那一点了。接下来，请你把食指举得更近一些，重复上述步骤，看看换一只眼睛观察的时候它跳动的位置是变得更大还是变得更小了？

　　你会发现食指举得更近的时候，它所对齐的位置跳动得更大。当从两个不同位置（也就是这个实验中两只眼睛的位置）观察同一个物体时，它相对于背景中更远的物体来说，位置的变化更大。天文学家以每6个月观察同一颗恒星代替实验中两只眼睛的作用，因为在这6个月中，地球从太阳的一侧运行到了另一侧。离我们比较近的恒星的位置相对于背景中更远的恒星发生了改变，接下来，只需要运用三角学的知识将该恒星变化的角度转换成它和我们之间相隔的距离就可以了。欧洲航天局于2013年发射的盖亚空间望远镜可以使用视差法来测量距离地球几万光年以内的恒星的距离，更远的恒星则会因为变动的角度太小而无法被精确测量。在这种情况下，天文学家会采用另一种方法来测量距离。

恒星有多热？

浴室中水龙头上表示温度的颜色其实一直都在骗你，你每天洗漱时都以为红色代表热、蓝色代表冷，但实际情况是反过来的，你甚至都不需要观察恒星就能在生活中察觉这一点。最热的火焰，比如焊枪喷头产生的火焰，是蓝色的，而正常的明火是黄色的。只有当火焰开始冷却并熄灭时，它才会发出红色的光。

恒星虽然没有着火，但原理是一样的，通过观察一颗行星的颜色，我们就能知道它的温度大概是多少。最冷的恒星是红色的，其表面温度大约是 3 000 K（K 指开尔文温标，其与摄氏度之间的换算关系是摄氏度加 273）。其次是黄色的恒星，其表面温度大约是 6 000 K。而那些看起来是蓝色的恒星最热，其表面温度可达 50 000 K。

天文学家利用哈佛光谱分类系统将恒星分为 7 种光谱型（见表 4–1），分别是 O、B、A、F、G、K、M。起初天文学家是用从 A 到 Q 的字母来分组的，但是其中有很多光谱型相互重复，便删去了其中一部分。

表4-1　恒星光谱分类一览表

光谱型	颜色	温度（K）	在所有恒星中的占比（%）
O	蓝	大于 30 000	0.000 03
B	蓝白	10 000~30 000	0.1
A	白	7 500~10 000	0.5
F	黄白	6 000~7 500	3
G	黄	5 200~6 000	7.5
K	橙	3 700~5 200	12
M	红	2 400~3 700	76.5

太阳的光谱型是G，因此宇宙中绝大多数恒星都比它更冷。夜空中最亮的O型恒星是猎户座腰带上的参宿一，而M型恒星太过暗淡，我们用肉眼是看不见的。

表4-1中的占比这一栏指恒星一生中的大部分时间所处的状态——天文学家们所说的主序星阶段，在这一阶段中的恒星都位于赫罗图的对角线上。

赫罗图

赫罗图是天文学中的一个标志性图表，它揭示了恒星的绝对星等与颜色（即光谱型）之间的关系。丹麦天文学家埃希纳·赫茨普龙（Ejnar Hertzprung）和美国天文学家亨利·诺里斯·罗素（Henry Norris Russell）于20世纪初为研究恒星演化分别独立提出了该图。

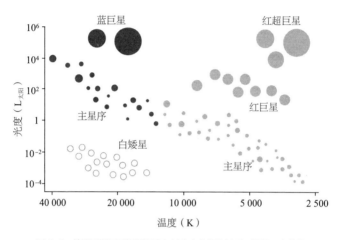

图 4-1　赫罗图揭示了恒星温度与其光度之间的关系，恒星一生中的大部分时间都在主星序之列

我们可以在赫罗图的右下角找到那些体积小、温度低的恒星（K型和M型），而更大更热的恒星则位于左上方（O型和B型），这条对角线被称为"主星序"，位于这条线上的恒星正在以和太阳一样通过核聚变将氢转化成氦。

然而，随着恒星年龄的增长，恒星核心处的氢总有耗尽的那一天，我们稍后会更加详细地了解在氢耗尽之后发生了什么，现在我们只要知道恒星在那之后会膨胀就可以了。在膨胀的过程中，恒星的能量在越来越大的表面上扩散，温度不断下降，因此颜色会变红。天文学家将这个过程称为"脱离主星序"，我们可以看到这些红巨星以及红超巨星位于对角线的上方。

恒星有多重？

恒星的大小和质量各不相同，不过天文学家发现恒星的光度与其质量之间存在着严格的对应关系，这被称为质光关系（见下页图4–2）。恒星质量越大，其固有亮度（绝对星等）就越大。

如果要计算一颗新发现的恒星的质量，天文学家需要测量其视星等，利用我们与这颗恒星之间的距离来计算其光度（绝对星等），再根据质光关系即可求得结果（见下页表4–2）。大质量的恒星位于赫罗图的左上方，低质量的则位于右下方。R136a1是大麦哲伦云中的一颗恒星，是目前已知的最重、最亮的恒星，它的质量是太阳的315倍。

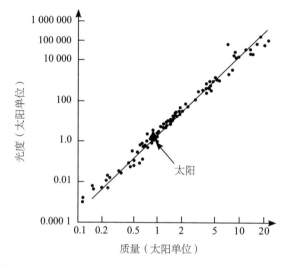

图 4-2　天文学家注意到恒星的质量与其亮度（光度）之间存在严格的对应
　　　　关系，这令他们得以通过亮度来计算新发现的恒星的质量

表 4-2　恒星的光谱型与质量的对应关系

光谱型	质量（以太阳质量为 1）
O	>16
B	2.1~16
A	1.4~2.1
F	1.04~1.4
G	0.8~1.04
K	0.45~0.8
M	0.08~0.45

天文学家还可以用斯特藩定律来计算恒星的大小。该定律以物理学家约瑟夫·斯特藩（Joseph Stefan，1835—1893）的名字命名，他提出一个有热量的物体每秒辐射出的能量取决于其大小和温度。对于一颗恒星来说，每秒辐射出的能量指的就是它的光度，再加上根据颜色得到的温度，我们就可以根据斯特藩定律来计算恒星的大小。

目前已知的体积最大的恒星是盾牌座UY，它的直径大约是太阳的1 708倍，如果把它放到太阳的位置上，那么它的表面将位于木星和土星的轨道之间。

恒星有多老？

在早期没有恒星形成的宇宙中，只有两种元素——氢和氦。而在第一批恒星诞生之后，它们开始以核聚变的方式将氢转化为氦，就像现在的太阳那样。当这些恒星老去并脱离主星序之后，它们开始用氦来制造更重的元素，比如碳、氮、氧、硅、铁等。这些巨大的恒星在生命即将走到尽头时会发生爆炸，变成耀眼的超新星，将这些较重的元素抛向宇宙，而其中一些元素最终会被一些新形成的恒星所吸收。

疏散星团和球状星团

在一个晴朗的夜晚，找到一个远离城市灯光的地方，你就可以沉醉在夜空里的 3 000 颗恒星中。它们大多都是孤孤单单的，但是你会注意到有一些恒星聚集在一起。只需要一架简单的双筒望远镜，你就能用它看到更多这样的星团，尤其是沿着银河观测的时候。

天文学家将它们分为疏散星团和球状星团。顾名思义，疏散星团中的恒星分布得相当松散，而球状星团中的恒星则聚成一团。两者的区别在于，疏散星团中的恒星一般都比较年轻，球状星团中则都是些老年恒星。

以最著名的疏散星团，即金牛座的昴星团（也被称为七姐妹星团）举例，其成员星的年龄只有 1 亿年。相比之下，M13（武仙座球状星团）中的恒星已有 110 亿岁高龄。如果把宇宙的年龄换算成人类的平均寿命，那么 M13 中的恒星已经接近退休年龄，而昴星团中的恒星还处于婴儿阶段。

所以，天文学家可以通过观察恒星的化学成分来判断它的年龄。最古老的恒星中只有氢和氦，因为它们形成时宇宙中只有这两种元素。而最年轻的那些恒星则是在宇宙中的元素更为丰富的时候形成的，因此它们的化学成分也更加多样化。因此，天文学家通常会测量恒星的"金属丰度"。与化学中的概念不同，天文学家将氢和氦之外的所有元素都视为金属元素。一颗恒星的金属丰度低代表它是一颗古老而原始的恒星，金属丰度越高，恒星就越年轻。太阳的金属丰度为0.02，即氢与氦之外的其他元素占太阳质量的2%。

当然，只有掌握了恒星的元素组成才能用这种方法来计算其年龄，而天文学家们则使用光谱学来达成此目的。把恒星发出的光通过光谱仪（有点儿像棱镜）之后，你就会得到夫琅禾费在太阳光谱中看到的那种黑暗特征谱线。

这些就是吸收线，出现黑暗特征谱线的原因是恒星内部的一些元素吸收了特定颜色的光，以至于这些颜色无法传播到地球上。我们看到的光谱就像一个彩色的条形码，而它也的确发挥着相同的作用——它承载着有关恒星的元素构成及恒星年龄的信息。

恒星的生命历程

恒星的诞生

就像人类一样，恒星也有诞生、衰老和死亡。恒星是从一种巨大的被称为"分子云"的美丽气柱中形成的，分子云极其稀薄，其每立方厘米中仅有大约100个气体分子。在地球上，每立方厘米有10^{17}个气体分子，而在恒星的中心处，这个数字则会变成10^{26}个。

那么，如此松散的分子云是怎么变成一颗能将氢聚变成氦的致密恒星的呢？引力在其中起到了极大的推动作用。英国天文学家詹姆斯·金斯（James Jeans，1877—1946）计算了分子云在受到引力作用开始收缩之前所能拥有的最大质量，天文学家称之为"金斯质量"，其大小与分子云的温度和密度有关。

分子云的收缩会由外来事件触发。可能是两个分子云间发生合并，它们组合后的质量会激增至金斯质量之上，也可能是附近的一颗恒星发生爆炸时产生的冲击波作用于分子云，使其聚集得更为紧密，从而在引力的作用下继续收缩。

分子云在收缩的过程中会分裂成更小的若干部分。这些处于收缩中的区域——我们称之为"原恒星"——开始旋转，而且速度越来越快，就像花样滑冰运动员收拢手臂时一样。这里的温度和压强不断升高，直到这个处于高速旋转中的气态球体开始将氢聚变为氦，一颗恒星就此诞生。这一过程需要花费数千万年。

天文学家可以观测在猎户座大星云中正在发生的恒星诞生的过程——在猎户座的"腰带"三颗星的下方，有一个肉眼可见的恒星摇篮。在这些尚还幼小的恒星周围还能看到一些又暗又扁的云盘，它们被称为原行星盘。天文学家认为这些原行星盘会在引力作用下形成星子，然后再形成行星。

红巨星

随着年龄的增长，恒星消耗的氢越来越多，终有一天它们核聚变的速度会开始下降，这意味着它们的核心无法产生足够能量以对抗引力，于是核心收缩，温度升高，聚变速率再次加快。而这就是主序星不断经历的过程，太阳自形成以来已经处于这一过程长达46亿年，其亮度相比刚刚诞生时增强了30%。

太阳在随后的漫长岁月中会变得越来越亮，越来越热。

10亿年之后，地球上的温度将会上升到100摄氏度以上。海水在这样的温度下会开始沸腾，而我们生存的家园在那时将成为一片没有生物的焦土。赋予万物生命的太阳最终将成为所有生命的终结者。

而在50亿年之后，太阳核心处的核聚变将完全停止，太阳核心急剧收缩，此处的温度将从1 500万摄氏度飙升至约1亿摄氏度。核聚变过程将在超高温核心周围的外壳中重新启动，而这标志着太阳开始脱离赫罗图中的主星序。

重启的核聚变产生的能量注入太阳之后，会使其外壳膨胀到现在直径的100倍。水星将被太阳彻底吞没，金星也可能无法幸免于难。随着能量在越来越大的表面上扩散，太阳会变成红色，此时的它已经成为一颗"红巨星"，其亮度将会比现在高出2 000多倍。到那时，太阳散发出的热量可以轻易地熔化地球上的金属，甚至地球本身有可能被拽进太阳的外壳中。

行星状星云与白矮星

在红巨星的核心中，由于温度的升高，氦会继续聚变成碳和氧。如果一颗恒星的质量小于8倍太阳质量[①]，当它成为红巨星后，其核心处的温度和压强不足以使碳继续聚变。当所有的氦都消耗殆尽之后，就只剩下一个和地球差不多大的致密的碳–氧核，天文学家称其为"白矮星"。由于没有可用于继续加热的能源，它会逐渐地冷却并暗淡，最终变成一颗黑矮星。

在白矮星的形成过程中，红巨星的外壳已经被强烈的恒星风吹散到太空中，这算不上是一场爆炸——它远没有那么剧烈。这些气体会以白矮星为中心，在其周围环绕一圈，天文学家称之为"行星状星云"。不过，它们和行星一点儿关系也没有，只是多年前天文学家使用望远镜观测时发现它们看起来和行星很像，因此得名。尽管如今我们对行星状星云的了解与当时相比已经有了变化，但还是沿用了这个名字。

行星状星云是夜空中最为美丽的天体之一。比如大名鼎鼎的天琴座环状星云，以及天龙座的猫眼星云。只要对着这些壮丽的气体云的照片仔细观察，你就能发现藏身于星云中心处的白矮星。

---

① 此处的太阳质量用作衡量恒星或星系等大型天体质量的单位，后文中还有这样的用法。——译者注

红超巨星

　　质量在8~10倍太阳质量范围内的恒星有着不同的演化方式，尽管最初的过程是相似的，但最终还是会产生巨大的差异。起初，它们会膨胀到比红巨星还大，红超巨星的直径至少是太阳的1 000倍。它们也比红巨星要亮得多，我们在夜空中所能见到的最亮的一些星星，比如猎户座的参宿四和天蝎座的心宿二，都是红超巨星。如果我们把心宿二放到太阳的位置上，其外部表面将位于火星轨道之外，还有一些红超巨星能延伸到木星轨道甚至土星轨道那么远。

　　而红超巨星与红巨星最大的差异表现在核心处。这些恒星的尺寸之巨大意味着其核心处温度将上升至足以使碳进行核聚变，产生镁和氧。而当碳被耗尽之后，恒星核心会进一步收缩，温度再次上升，氧开始聚变成硅和氖。而这一过程会循环往复地不断进行——每当一种元素被耗尽时，核心就会收缩，然后温度上升，核聚变继续生成新的元素。这一过程也变得越来越快，每一个阶段都比上一个阶段更短暂，一颗巨大的恒星可能需要1 000万年来使氢聚变成氦，却只需要一天就能使硅聚变成铁。

　　不过，这一过程也是有终点的，铁是元素周期表中最稳定的元素，因此它不会发生核聚变。红超巨星的核心最后看起来就像一颗洋葱，中间有大量的铁，而周围环绕着其他尚未被使用的元素。现在，已经没有什么能帮助这颗恒星抵抗引力坍缩了，它的命运已经注定。

超新星

1054年，中国的天文学家记载了一颗意料之外的星星，他们称之为"客星"。它看起来像是在天空中的某处突然出现，并且在长达一个月的时间里，人们都可以在白天看到这颗星星。之后，它渐渐暗淡，大约两年后彻底消失。

现在我们知道，他们目睹的是一次超新星爆炸——这是宇宙中最剧烈也最活跃的事件之一。现代的天文学家已经找到了那次超新星爆炸事件的遗迹——位于金牛座的蟹状星云（见图4-3）。如今，已经过去了将近1 000年，这里的气体仍在以每小时1 500千米的速度从爆炸处向外扩散。作为巨大恒星的垂死挣扎，一次超新星爆炸绽放出的光芒相当于100亿个太阳，释放出的能量比它一生中所释放的所有能量加起来还要多。

超新星爆炸开始于红超巨星的中心形成的致密铁核。

图 4-3 大名鼎鼎的蟹状星云（M1），位于金牛座，它是
1054 年观测到的超新星爆炸后的遗迹

由于无法抵抗引力的作用，该核心会在不到一秒的时间内以
接近1/4光速的速度迅速坍缩，而这一过程会同时向外以几
乎相同的速度发出冲击波，将恒星的外壳撕裂并爆炸开来。

爆炸的力量使得一些原子撞入别的原子中，形成了比
铁还要重的元素。超新星将此前由核聚变产生的元素以及
在爆炸中产生的元素统统送入星际空间，这使得分子云中
的元素变得更加丰富，之后这些元素便会成为新形成的恒
星和行星的一部分。

你的身上戴着哪些首饰？金、银、铂这些元素都是在超新星爆炸（以及中子星相撞）中产生的，而我们血液中的铁以及通过血液送往全身各个部位的氧都是在大质量恒星内部通过核聚变生成，再通过超新星爆炸送往宇宙各处的。如果没有超新星爆炸，就不会有我们的存在。

中子星和脉冲星

在蟹状星云的中央，是一颗曾经强大而有活力的恒星留下的废墟。它在致密的铁核因引力作用而发生变形之后，几乎坍缩殆尽。铁在极大的压强下被击碎，并且最终都变成了中子——在原子中心发现的中性粒子。质量在8~30倍太阳质量范围内的恒星的结局都会是这样，变成一颗周围环绕着超新星遗迹的中子星。

然而，相互聚集的中子之间的距离是有限度的，这导致当核心收缩成为一个直径只有30千米的超大密度物体时，其坍缩开始减缓。一颗曾经直径是地球直径10万倍的红超巨星最终成了一个还没有伦敦大的小球。巨大的质量被压缩到如此小的空间中，这使得一勺中子星的物质就重达1 000万吨。

　　随着不断地收缩，中子星的自转也在不断加快。一开始，它可能每隔几个星期才自转一周，而现在它每秒自转30周。其磁场也变得更加强大，是地球的磁场强度的1万亿倍，而这会将那些超高温的物质转变为强大的无线电波，通过中子星的两极传播出去。

　　这让中子星成了宇宙中的灯塔。如果我们恰好位于这些无线电波传播的方向上，我们就能接收到有规律且重复的无线电脉冲，于是我们就把这些天体称为脉冲星。

　　脉冲星自转的周期非常稳定，自从1967年安东尼·休伊什（Antony Hewish）和约瑟琳·贝尔（Jocelyn Bell）发现了第一颗脉冲星，并将之命名为"小绿人1号"之后，人们还没有发现过有什么天然形成的东西能比它还准时。目前，脉冲星仍是已知范围内自然界中最精确的计时员，以至于天文学家们认为可以将其用作互联网和GPS的基础。如果宇宙中存在高等文明的话，我们可以用脉冲星向它们标示我们在银河系中的位置。

伽马射线暴

　　你是不是觉得超新星爆炸的威力已经很强大了？但其

实它们和伽马射线暴（GRB，也简称为伽马暴）比起来可就是小巫见大巫了。伽马暴在极短的时间里散发出的能量比太阳一生中释放的能量加起来还要多，即便远隔数十亿光年也能看到它那耀眼夺目的光芒。它们是在1967年时被冷战时期发射的人造卫星发现的，这些卫星本来的任务是监测秘密进行的核试验。

伽马暴可以分为两类，短暴（短于2秒）和长暴（长于2秒）。它们从何而来对于我们来说在很大程度上仍然是一个谜，不过有人提出长暴是在大质量恒星发生超新星爆炸时产生的，而占伽马暴总数30%的短暴可能来自两颗中子星的相撞。

值得庆幸的是，迄今为止人们发现的所有伽马暴都离我们非常遥远。不过一旦有伽马暴从太阳系中穿行而过，就会给我们带来毁灭性的灾难。虽然这件事发生的可能性非常小，但是如果地球真的被击中，我们的臭氧层就会被完全摧毁，而这将导致地球上的生物大规模灭绝。

黑洞

引力其实是一种很弱的力，即使地球的质量高达 6×10^{24}

千克，你也可以跳起来，或者乘飞机飞到天空中去。但是你的这种自由只是暂时的，物体通常在离地之后总会再落下来，除非你的速度超过一定数值。如果你能以每秒11千米的速度从地面上跳起，你就可以逃脱地球的引力。科学家至少要以这样的逃逸速度发射火箭才能将飞行器送入太空。

一个天体体型越大，物质排列越紧密，其逃逸速度就越高。从木星、太阳到白矮星、中子星，它们的逃逸速度是依次递增的。然而，最大的那些恒星的核心坍缩之后会形成一个密度极高的物体，其逃逸速度甚至比光速还要高。因为没有什么能比光传播得更快，所以也没有什么东西能从这些"黑洞"中逃脱。这就是它们名字的来历——所有的光线都被它们吞了进去，所以它们看起来是黑色的。

如果你太靠近黑洞，就会被它的引力永久地困住，不管多大的推动力都不能让你摆脱它的魔爪，而这个无法逃离的边界被称为"事件视界"。当跨过这条边界的时候，你可能都没觉得有什么不对劲儿的地方，但是这会改变你的命运。假如你的脚先跨过事件边界，那么黑洞对你的脚的引力比对你的头的更大，并且二者之间的差异最终会超过原子键的强度，这时你会被拉长，物理学家称其为"意大利面条化"。

那么，当你被黑洞扯成一根长长的意大利面的时候，你会落入何处呢？这是现代物理学中最棘手的问题之一。根据爱因斯坦的广义相对论，严格地说，恒星的核心最终会坍缩成一个体积无限小、密度无限大的点，我们称之为"奇点"，空间和时间都在此处完结。我们通常认为，落入黑洞的物体都被吸入了奇点。

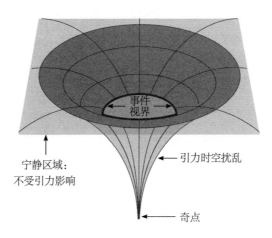

图 4-4   质量最大的那些恒星在死亡时会形成一个将时空扭曲到极限的黑洞，
            任何东西都无法从中逃脱

不过，这可能还没有揭示全部的真相，因为它忽略了量子物理中对于微观尺度下物质规律的描述。

引力波

2015 年 9 月 14 日被载入科学史，成为具有里程碑意义的一天。在这一天，我们打开了一扇观测宇宙的新窗户。这件事要从非常非常遥远的星系说起。

大约在 13 亿年前，两个黑洞——其中每一个黑洞的质量大约都是太阳的 30 倍——在相互缠绕、旋转后相撞。这次相撞的动静实在太大，巨大的冲击波冲破了时空原本的结构，以光速向外传播，这些引力波最终于 2015 年 9 月到达地球。正巧，我们在那时刚刚启动了一台能够捕获引力波信号的探测器。随后在 2015 年 12 月、2017 年 1 月以及 2017 年 8 月，我们又检测到了别的黑洞合并过程中的引力波。另外，科学家还在 2017 年 8 月捕获到了两颗中子星合并所产生的引力波信号。未来，我们一定还会捕获越来越多的引力波。

引力波这一概念早在一个世纪前便已被提出。爱因斯坦早在 1915 年提出广义相对论时就预言了引力波的存在，但是我们却用了整整 100 年才第一次探测到它的信号。这是因为引力波就像池塘中的涟漪，会在向外传播的过程中逐渐消失，引力波在抵达地球时已经变得很微弱了，因此很难被探测到。13亿光年，这是一段相当长的路程。

用于探测引力波信号的是激光干涉引力波天文台（LIGO），它是由两台分别位于美国华盛顿州和路易斯安那州的探测器组成，这两台探测器都是由两根4千米长的真空管组成的直角。一束激光经过一个分光器，分成两部分射向两条真空管的末端，然后被末端放置的镜片反射回来。一般情况下，两边的激光会在相同的时间回到出发点。

但是，如果引力波在激光传播的过程中到来，那么其中一根管道中的空间就会被轻微地拉伸和收缩（因为引力波实质上是时空结构的扰动），这就意味着一束激光回来的落点也会发生改变。

LIGO的灵敏度相当高，可以探测相当于质子（原子中心带正电的粒子）直径的1/10 000的距离改变。再打一个比方，它可以测量出地球到比邻星（除太阳之外离我们最近的恒星）之间40万亿千米长的距离中一根头发丝直径的变化。

2017年10月，为这一发现做出努力的三位科学家被授予诺贝尔物理学奖。这些探测意义非常重大，因为很多宇宙中的重大事件发生后只会发出引力波信号，而我们终于能够探测到这些事件了。

时间膨胀

　　爱丁顿于1919年完成的日食观测，证实了爱因斯坦的广义相对论中提出的一个观点：大质量物体会扭曲其周围的空间结构，而引力波的发现则进一步巩固了该观点。

　　事实上被扭曲的不仅仅是空间，时间也是如此。还记得爱因斯坦把时间和空间合并为一个被称为时空的四维结构吗？这告诉我们，时间流逝的速度会随着时空扭曲程度的不同而改变，如果你靠近一个重物，你的时间就会比别人的时间流逝得更慢。

　　即使是在地球上，这种时间的膨胀也是非常需要注意的。对于储存在实验室里不同架子上的那些有着极高精准度的原子钟而言，如果有哪一个被放在更靠近地面的位置，那么最终它们就会无法同步。我们还会定期修正GPS卫星上的时钟，因为它们位于太空中，时空扭曲的情况更轻，时间流逝得比地面上更快。

　　不过在黑洞附近，这种时空扭曲的程度会非常明显。在风靡一时的影片《星际穿越》中，绕着黑洞飞行的宇航员所经历的1个小时相当于我们在地球上经历7年。

　　如果目送一个人逐渐接近黑洞，你会发现他们身上发生的一切都变得越来越缓慢，最后，当他们的身体即将跨越事件视界的时候，他们看起来就像被冻住了一样。在你看来，他们的时间已经完全停止了；但在他们看来，是你的时间停止了。

这是引力时间膨胀，但还有一种由速度引起的时间膨胀。如果我说"飞人"博尔特在100米短跑中能赢你，你一点儿都不会惊讶，因为他能以更快的速度来跨过空间。如果我说博尔特能比你更快地度过时间，可能你就会觉得有些奇怪了，但事实的确是这样，因为实际上你们是在时空中赛跑。在这个例子中，你和博尔特的速度差异并不是很大，所以时间流逝的速度在你们两者之间的差异也很小，而当速度差异更大就会产生更明显的效果。

宇航员根纳季·帕达尔卡（Gennady Padalka）保持着在太空中停留时间最长的世界纪录——1998至2015年，他在和平号空间站及国际空间站中共计停留了879天。在这段时间中，他以每小时28 000千米的速度行进。考虑到上述两种原因引起的时间膨胀，如果他一直待在地面上的话将会比现在老0.02秒。这使得帕达尔卡成了人类历史上最伟大的时间旅行者，他向未来旅行了1/50秒。

白洞与虫洞

如果说黑洞是一个你永远无法从中逃离的存在，那么白洞就是你永远无法返回的地方。黑洞只进不出，而白洞只出不进。不过目前，白洞还只是理论性推测，只存在于爱因斯坦广义相对论的数学推导中。

物理学家们在考察黑洞中的物体接近奇点时会发生什么的问题时，便会出现"白洞"。新西兰物理学家罗伊·克尔（Roy Kerr）在20世纪60年代时提出，黑洞中的奇点并不是一个点，而是一个环。通常情况下，一个撞入奇点的物体会被奇点从时空中抹去，但是如果克尔环（克尔提出的这个"环"）存在的话，它就能毫发无损地穿过去。

那么，这个穿过克尔环的物体去哪儿了呢？克尔根据爱因斯坦方程计算得到的结果显示，它会进入一个被称为"爱因斯坦–罗森桥"的隧道，然后在另一端被白洞"吐"出。有些人认为物体从白洞出去之后到达的仍然是我们所在的宇宙内部，只是位置发生了变化，而另外一些人则认为物体此时已经处于另一个宇宙中了。无论哪一种说法是对的，由于白洞只能出不能进，这个物体都无法再通过白洞回到原来所在的地方。

爱因斯坦-罗森桥有一个更为通俗的名字:虫洞。这个名字来源于虫子在苹果中运动时做出的选择,它既可以选择从苹果的表面爬到想要去的地方,也可以选择在苹果内部穿行一段更短的路径。我们常常在科幻小说中见到作为时间和空间上的捷径的虫洞。确实,虫洞的物理特性表明我们也许可以借助它回到过去。但是,如果它们存在的话——这是一个相当大胆的假设——它们可能很不稳定,并且很快就会关闭。

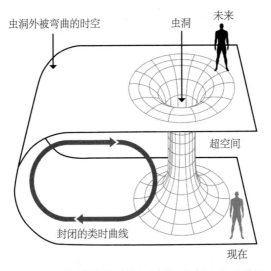

图 4-5　时空可能会以图中的方式弯曲,此时会出现一条捷径,
我们可以利用它来进行时间旅行

所以，就目前掌握的情况而言，白洞和虫洞只是数学上的有趣推论，倘若有一天我们真的找到万物理论，情况可能会发生变化。

霍金辐射

作为一名理论物理学家和宇宙学家，史蒂芬·霍金（Stephen Hawking）教授终其一生都在钻研黑洞的奇异特性。他最重要的贡献之一，就是提出黑洞会在被称作"霍金辐射"的效应下逐渐蒸发。

物理学家知道，看似空旷的宇宙不可能真的是空的。宇宙不断地将能量转化为一些成对的粒子，它们就像灰姑娘的马车一样，很快就会消失，否则就违背了物理定律①。

而霍金天才般地将这一过程放到黑洞的事件视界上。他想象出的场景是这对粒子中的一个落入了黑洞中，而另一个在外面，由此它们就再也无法一起成对消失了，于是一个被黑洞吸收，另一个则逃到无边无际的宇宙中。

---

① 根据海森堡不确定性原理，宇宙中会在瞬间凭空产生一对正反虚粒子，然后瞬间消失，以符合能量守恒。——译者注

这个落单的粒子在向外逃逸时会吸收一部分来自黑洞的能量，而它带着能量向外传递的过程就是霍金辐射。但是带走的这些能量对于黑洞来说只是九牛一毛，一个黑洞需要2 000亿亿亿亿亿亿亿亿年才会完全蒸发，这个数字是2后面有67个0！

也就是说，黑洞并不完全是黑的，它们会以霍金辐射的形式发出极为微弱的光芒。

万物理论

史蒂芬·霍金在黑洞通过霍金辐射逐渐蒸发的研究中结合了物理学中最重要的两个理论：量子力学——微观尺度下粒子运动的规律，以及爱因斯坦的广义相对论。

对于黑洞这样一个独特的物体来说，这两种理论都很重要。通常情况下，对引力以及行星的公转轨道进行计算时不需要考虑量子力学；同样，解释原子的运动规律时也不需要考虑引力。但黑洞是不一样的，当恒星发生坍缩时，大量物质被塞进了一个很小的空间中，引力突然在原子大小的尺度上也起到了作用。

广义相对论描述了引力是如何由弯曲的时空引起的，

如果严格按照这种说法，是黑洞将弯曲时空成了一个叫作奇点的东西。但是体积无限小、密度无限大对于一个物体而言到底意味着什么呢？量子力学的规律对于一个比原子还小的空间来说还有效吗？

物理学家们非常重视这些问题，并且一直试图将量子力学和广义相对论结合成一个理论——一个可以用于解释宇宙万物的通用框架，从最小的亚原子粒子到最大的超星系团全都适用，这就是万物理论。

然而，物理学家在这条探索之路上屡屡受挫。这两种理论就是不太能很好地结合在一起。它们是完全不兼容的，对其中一个理论的应用会产生与另一个理论的不可调和的分歧。而这促使物理学家们开始探索更加极端的可能性，其中包括探索更多的维度——而非我们熟悉的三维时空。

（超）弦理论与圈量子引力

近年来，由于美国哥伦比亚广播公司（CBS）热播剧《生活大爆炸》中那个与社会格格不入的天才谢尔顿·库珀（Sheldon Cooper）高涨的人气，弦理论已成为流行文化的一部分。它是物理学家试图统一量子力学和万有引力、探索万物理论的方法之一。

这一理论的基本前提是，我们周遭的一切都是由很小的弦发生振动构成的。就像用不同的方式在乐器上拨动琴弦会产生不同的音符一样，这些弦的振动会创造出各种亚原子粒子。而把这与超对称性理论相结合，就有了超弦理论。

弦理论的研究者可以使用这一模式来将量子力学和广义相对论结合在一起，但是他们的方程只有在空间有9个维度时才成立。这些物理学家为了解释为什么我们所见到的世界是3维的，提出其他维度蜷缩到了微观世界中，我们无法观察到它们。但是，目前仍然没有任何证据显示这些维度真的存在，也无法证明超弦理论不只是一个存在于数学推导中的幻想。

在《生活大爆炸》的前几季中，谢尔顿有一个死对头叫作莱斯莉·温克尔（Leslie Winkle），她的研究重点是圈量子引力论，这是另一个将量子力学和广义相对论结合在一起的理论。

爱因斯坦认为，时空是一种连续的结构，当它被大质量物体弯曲时会产生引力。但是在量子力学中，没有任何东西是连续的。在圈量子引力论中，时空量子也是不连续的，而是由一些闭合的环编织而成的结构，就像羽绒被一样。起初，它看起来像是一个整全的编织物，但是在显微镜下你会发现它实际上是由一个个独立的针脚组成的。

在圈量子引力论中，时空并不是平滑的，而是呈颗粒状，这可以通过某些方式进行验证。天文学家正在观测并研究来自遥远星系的光，验证其是否在传播过程中被这种时空结构所改变。

系外行星

宜居带

在各自轨道上环绕地球的人造卫星，从高空中为我们拍摄了无数张地球的精彩照片。其中最引人注目的是在夜晚拍摄的照片，地球上的各大城市作为文明的灯塔闪耀着光芒。显然，我们的世界被一个相信科技的物种主宰着。

仔细观察地中海以南的地区你就会发现，与欧洲的繁华景象相比，非洲北部这片干旱贫瘠的土地上几乎没有什么灯光。但是在这片大陆的东北角，有一片像圣诞树一样闪亮的地区，这里是尼罗河三角洲。在一个水资源极度匮乏的地区，人们聚到了这条世界上最长的河流的两岸生活。

这明确地表明了水对于地球生命的重要性。生命几乎存在于地球上从地下深处到高空云层中的每一个角落，然而迄今为止发现的每一种生命形式的生存都依赖于液态水。因此，天文学家在寻找宇宙中的其他生命时，自然而然地将水作为关注的重点。

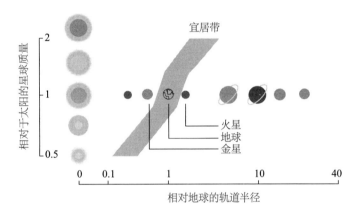

图 4-6　宜居带是恒星周围的一片非常狭小的区域，这里的温度允许液态水存在，其确切位置取决于恒星的温度

　　地球位于宜居带——这是恒星周围可能有液态水存在的一片非常狭小的区域。离太阳太近的话，高温会令液态水沸腾，离得太远又会结冰，因此宜居带对天文学家的吸引力就像金发碧眼的美女一样。它像是童话故事中的美食，既不太热也不太冷，温度刚刚好。天文学家现

在正在其他恒星的宜居带中的行星上寻找外星生命存在的迹象。

　　但是，宜居带并不是唯一值得注意的地方。在我们的太阳系中，欧罗巴和恩克拉多斯这两颗卫星上都有可能存在液态水，而它们距离传统意义上的宜居带非常远，它们的热量来自木星和土星的潮汐作用。我们应对此也多加关注，而不是把对外星生命的探索局限于宜居带中。

红矮星宜居带

　　宜居带的位置取决于恒星的温度。对于温度最高的 O 型和 B 型恒星而言，行星需要保持更远的距离以防止液态水沸腾，而对于温度最低的 K 型和 M 型恒星——又被称为红矮星——而言，行星需要和它们簇拥在一起才能保持一定的温度从而保持液态水不至于结冰。

　　但是靠得太近也会带来问题，这会使得宜居带处于恒星潮汐锁定的范围内，这里的行星会像环绕着地球运行的月球一样，一直只有一面朝向恒星。这一面被恒星不断炙烤，而另一面则天寒地冻。另外，作为一颗恒星，红矮星也会发生强烈的耀斑爆发，并发出强烈的紫外线辐射，这都对生命的存活造成了巨大威胁。

　　红矮星占恒星总量的75%，这意味着我们找到的大多数宜居带都属于上述风险很大的这一类。最近，天文学家用计算机模拟了位于这些宜居带中的行星的大气，而计算结果给我们带来了一丝希望。他们指出，风会将恒星的热量更加均匀地传播至行星各处，使这些行星上的生存环境不再那么极端。

凌星法

　　寻找其他恒星周围的行星——我们称之为系外行星——绝非易事。让我们换个角度来思考一下，如果有一个外星文明试图寻找太阳周围有没有适宜居住的行星，它们面临的是什么样的情况。太阳比地球大100万倍，并且会发出强烈的光，而地球自己是不会发光的，因此外星文明在观测太阳的同时几乎只能看得到离它最近的另一颗恒星。这颗行星位于半人马座，距离我们约40万亿千米（4.2光年）。寻找系外行星就像是在一个巨大的闪闪发光的干草堆中寻找一根小小的黑色的针，而且由于距离非常遥远，有时你甚至连干草堆都不一定能看得见，更不用说堆中的这根针了。

这一难题促使天文学家发明了一些巧妙的方法来寻找这些无法被直接观测到的系外行星，凌星法就是其中最常用的方法之一。如果一颗系外行星正好从它的恒星和我们之间穿过——就像金星凌日那样——它就会遮住这颗恒星的一部分光芒，使其在短时间内变暗。

用这个看似简单的方法——行星有时会挡住恒星的光芒——我们可以了解到系外行星的大量信息。这颗行星越大，它挡住的光就越多，恒星在此期间也就越暗。而当我们观测到多次凌星发生的间隔相同时，这个间隔的时间就是这颗行星围绕恒星运行的周期。周期越长，它与恒星之间的距离也就越远，我们就能以此来判断它是否位于宜居带。

自2009年以来，NASA发射的开普勒空间望远镜一直在数十万颗恒星之间来回搜寻，检测由凌星事件导致的恒星亮度下降。它彻底改变了我们对地球之外的世界的理解。迄今为止，它已经发现了超过2 000个系外行星，其中有一些正好位于宜居带内。

径向速度法

并不是所有的系外行星都能通过凌星法来寻找，因为如果它运行的轨道与其恒星和我们之间的连线没有交叉，我们就观测不到恒星的亮度变化。想象一下从太阳北极的方向俯瞰，在你的视野里，8颗已知的太阳系行星没有任何一颗会遮挡到太阳。

然而，行星对恒星还会有另一种明显的影响。我们通常只考虑太阳对行星的引力作用，但是行星产生的引力同样也能拉动太阳，特别是木星和土星，太阳会在它们的引力作用下左摇右晃。在我们的观测中，恒星的晃动会使其发出的光产生变化，我们将这种变化称为多普勒效应。

在生活中，我们其实接触过声波的多普勒效应，一辆救护车向你迎面开来的时候警笛的声调和它离去的时候不一样。其原因是当救护车靠近观察者时声波会挤在一起，而当它远离时声波又伸展开来。光也是一种波，但它没有音调可以改变，它改变的是颜色。远离我们的光源会变得更红（红移），而靠近我们的光源则会变得更蓝（蓝移）。

在实际工作中我们是怎样运用多普勒原理的呢？天文学家先使用光谱仪得到某一颗恒星像条形码一样的吸收谱线，这同时也能帮助他们确定恒星的年龄。如果一颗系外行星在围绕其恒星公转的过程中使恒星在朝向我们的方向上前后摇晃，那么这颗恒星的吸收线也会不断地来回移动。

这种被称为径向速度法的方法的灵敏度非常高,可以检测到恒星速度变化的精度为每秒1米。想想看,这可是从几百万亿千米外检测出恒星以走路的速度发生的移动。

径向速度法还能用于计算系外行星的质量。行星越重,恒星摇晃的程度越大,其吸收线来回摆动的幅度也就越大。

微引力透镜法

根据爱因斯坦的广义相对论,大质量天体会令其周围的光线弯曲,1919年爱丁顿通过对日食的观测证实了这一点。而当一个大质量天体经过一颗恒星时,它会像透镜一样放大遥远恒星的光,这就是所谓的"微引力透镜"。如果前景物体(透镜)是恒星这类单个天体,那么放大的过程将会很对称,背景星的亮度将在几周内连续增强,随后在同样长的一段时间内再重新变暗。但是如果恒星的身边伴随着一颗行星的话,你就会在亮度增强的过程中发现有一小段突变。这是行星提供的"透镜",原理类似于相机的镜头存在一些瑕疵一样。

微引力透镜法更适合于寻找远离恒星的行星,它是对凌星法和径向速度法的补充,这两种方法都更适用于寻找离恒星较近的行星，因为在这种情况下，行星会令恒星亮度的变化更明显，或是使其晃动的程度更大。

目前为止的收获

想象一下如果有一天，你拉开窗帘，正好赶上了今天的第二次日出。当你走出房门时，地上的影子并不是一个，而是两个。当夜幕降临时，一个太阳落下之后不久另一个太阳也随之一起落下。如果开普勒–16b星球上有人居住的话，他们的生活就是这些看起来相当反常的场景。

这颗行星发现于2011年，它是被确认的第一颗围绕双星系统运行的行星。除了每天能见到两次日出、两次日落、两个影子之外，这两颗"太阳"每隔两三周就会相互掩食，可以说颇为壮观。

自从1995年发现第一颗系外行星之后，我们已经陆续发现了数千颗系外行星，开普勒–16b正是其中之一。一开始，很多人认为我们能够发现很多太阳系这类行星系，然而随着发现的系外新星越来越多，我们只能相信这一事实：太阳系这类行星系实在是凤毛麟角。

首批被发现的系外行星中的一些被称为"热木

星"——它们是木星这样的大型行星，但是距离恒星太近，公转速度极快，其表面温度高到足以熔化岩石。而另外一部分行星的温度波动很大，因为它们的公转轨道很扁。在 HD 80606b 行星走向"近日点"的过程中，其温度在 6 小时内即可从 800 K 飙升至 1 500 K。开普勒–11 星系中有 6 颗行星，其中有 5 颗离该恒星比水星离太阳的距离还要近。而巨蟹座的 55e 星甚至有可能拥有被钻石覆盖的表面，这些钻石产生于其高温高压的内部环境。

不过，最受关注的自然还是那些和地球最为相像的系外行星。2014 年，天文学家发现了开普勒–186f，这是在恒星宜居带中发现的第一颗和地球大小相似的行星，一年之后，他们又发现了开普勒–452b。2017 年，天文学家宣布在恒星 TRAPPIST–1 的周围环绕着 7 颗行星，其中 3 颗位于宜居带内。甚至在比邻星周围都有一颗可能适宜我们居住的行星，这可是除了太阳之外离我们最近的恒星。

但是，"可能适宜居住"这个说法有很大的水分。天文学家们真正想说的是，如果行星具有和地球相同的大气成分，才有可能在适宜的温度下出现液态水。所以，他们接下来的工作就是测量系外行星的大气成分，以此确认它们是否真的有液态水。

超级地球

我们的太阳系中既有小型的岩质行星，也有巨大的气态行星，但是这两种行星之间没有过渡（不过第九颗行星也许就是"过渡"）。而在探索系外行星的过程中，我们最大的惊喜就是发现了一类新的行星：超级地球。

它们也是岩质行星，但是质量比地球大好几倍，因此它们的引力也比地球大很多。而这是否有利于生命的诞生目前还没有定论。

那里的大地都很平坦，山不会像地球上的山这么高。地球表面大约是70%的水和30%的陆地，但超级地球可能是一个真正的水世界，只有一小部分陆地高于海平面，或者所有的陆地都被海水淹没。并且，超级地球作为比地球更大的行星意味着它拥有更热、更大的核心，从而产生更强的磁场，而这将为行星提供更强大的保护，防止太阳活动及宇宙射线对可能存在的生命产生危害。

更强的引力意味着行星能吸引更多的气体，从而形成更厚的大气层。这对于天文学家来说可谓福音，因为这种大气层的成分更容易探明。

探究大气特征

现在，你所呼吸的空气中有21%是氧气。即使是无所事事地坐着，你每天也要消耗550升氧气。在你的一生中，你将消耗超过1 600万升（也就是22吨）氧气。

但问题是，空气中本不应有这么多氧气的。这是一种非常活泼的气体，它可以迅速地与大气中的其他元素结合，产生新的化合物。我们之所以能有足够的氧气用于呼吸，是因为植被、树木以及海洋中的微生物这些其他的生命形式通过光合作用产生了足够的氧气，补上了消耗的缺口。

因此，氧气可以被视为一种生物特征气体——如果观测到哪颗行星有大量氧气的话，那里就有可能存在生命。天文学家非常希望能在一些位于宜居带内和与地球体积相当的系外行星的大气中找到氧气，但这并不容易。

好消息是，对于大气成分的探究已经着手在一些更大的系外行星上进行。特别是那些热木星，它们的大气层因极高的温度而膨胀。而在2017年，天文学家甚至测量了超级地球GJ 1132b的大气成分——它的体积仅比地球大40%。能够测量与地球体积相当的系外行星的大气层望远镜目前正在建设中，不久后就将投入使用。

天文学家们将采用用于探究恒星成分的方式来探究系外行星的大气：光谱学。当一颗系外行星运行到它的恒星前面的时候，一些星光将穿过它的大气层，并最终传播到我们的望远镜中。由于大气中的某些化学物质会吸收特定波段的光，所以我们根据最终得到的吸收线就能知道其大气中含有哪些成分。除了氧气和水之外，我们也在寻找其他潜在生物特征气体的迹象，例如甲烷。

系外卫星

我们最关注的是系外行星，这当然是合乎逻辑的第一步，因为我们所知的生命全都起源于行星，然而科幻作家们长期以来一直都在考虑生命是否会存在于环绕行星运行的卫星上。在电影《阿凡达》中，故事发生在潘多拉星球上，那就是一个郁郁葱葱的岩质卫星，围绕着气态行星波吕斐摩斯运行。在电影《星球大战》中，恩多的森林卫星就是伊沃克人的故乡。在剧集《神秘博士》中，主人公博士曾考虑过退休后到波什星遗失的卫星上生活，那儿以游泳池而闻名。

即使一颗恒星的宜居带中没有岩质行星，它周围也仍有可能存在能够形成生命的地方。如果把木星拖入太阳的宜居带中，那么它的一些大小堪比行星的卫星上的条件可能会就变得很舒适。可是，寻找系外行星本身就已经是一项极为艰巨的任务了，寻找系外卫星更是远远超出了我们的能力范围。

但这并没有阻挡纽约哥伦比亚大学的戴维·基平（David Kipping）团队探索的步伐。来自卫星的引力会周期性加快和减慢行星围绕恒星运行的速度，而这会使得凌星到来的时间比没有卫星存在的情况下或早或晚 5 分钟。找到这些线索是一项非常精细的工作，也是开普勒空间望远镜所能达到的极限。一台普通的家用电脑可能需要进行超过 50 年的计算才能完成对一颗行星数据的检查。

尽管如此，在 2017 年的夏天，天文学界还是因为一条有关开普勒–1625b 可能拥有一颗系外卫星的传言而沸腾。似乎有一颗海王星大小的卫星被一颗木星大小的行星潮汐锁定了。在本书写作的过程中，基平团队已申请使用哈勃空间望远镜，希望能够进行更近一些的观测来确认这一历史性的发现。

第 5 章

星　系

银河系

名称和外观

北美原住民之一的切罗基人在他们的故事中将银河称为"狗的逃跑路线",指一条狗偷走玉米面后沿途留下的踪迹;东亚人则认为它是天空中的银色河流;新西兰的毛利人将其视作一条巨大的独木舟;而在古希腊罗马神话中,这是赫拉为赫拉克勒斯哺乳时洒出来的乳汁。

它现在的名字来自最后一个说法,英文世界将这个横贯夜空的巨大拱桥称为"Milk Way"(直译为中文就是"奶路")。这是一条宽度大约为30°的光带,其中遍布闪亮的星团和暗淡的尘埃。但是,很多人从来没有见过它——北美大约有80%的人生活在光污染中，全世界范围内有大约1/3的人都是这样。

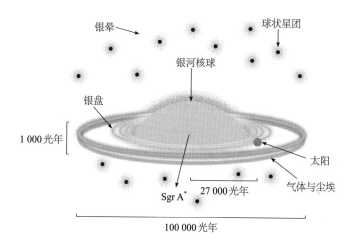

图 5-1　我们的银河系是一个嵌入暗物质光晕的扁平的大圆盘，
　　　　它中央处凸起，四周有旋臂

　　如果有一天，你可以到一个没有光污染的乡村亲眼看一看银河，你一定不会后悔，你将看到夜空中最壮观的景象。伽利略是第一个使用望远镜对银河进行观测的人，他看到了无数的恒星。即使只用一副双筒望远镜，你也能看到银河之中布满了恒星和尘埃。"宇宙大裂缝"和煤袋星云①是其中最显而易见的黑暗区域。在这两片区域中你看不到一点儿星光，因为巨大的分子云把这些恒星挡在了我们的视线之外。

虽然全世界都能看得见它，但是南纬30°地区是最适合观赏银河的地方，因为最明亮的部分集中在人马座和天蝎座附近，而它们正巧就在这片地区人们的头顶上。南纬30°纬线从智利和阿根廷开始，一路经过南非，然后继续向东穿过澳大利亚城市珀斯和布里斯班。毫无疑问，世界上最好的望远镜中有好多架都建在这条纬线上。天文学家们都想抢到一个前排座位来研究银河中的奥秘。

形状、大小及包含的内容

我们能看到这样的银河是因为我们就在银河系中。这是一个旋涡星系，从外面看的话它就像是两个背靠背叠在一起的煎蛋，中心处有一个蛋黄一样的凸起，四周是扁平得多的圆盘。我们住在银河系的一条从圆盘中伸出的较小旋臂的中间位置。

---

① 煤袋星云位于南十字座，是最显著的暗星云，在南半球很容易用肉眼观测到。——编者注

当我们看向人马座方向时，我们将透过圆盘直接看到拥挤的中心区域。猎户座和御夫座的方向则与之相反，位于银河系边缘。

人们对银河系的大小以及其所包含的内容的估计大相径庭，不过天文学家一致认为银河系的宽度至少有10万光年，也就是大约10^{18}千米。如果在10万年前智人和尼安德特人还一同生活在地球上时，一束光从银河系的一端出发，那么现在它才刚刚到达银河系的另一端。

让我们举个例子更形象地理解这个距离的概念。想象一下把太阳系到柯伊伯带边缘这段距离缩小到小拇指那么大，那么银河系的规模相当于横跨整个大西洋，从英国伦敦到牙买加金士顿。与银河系相比，太阳实在太过渺小。

不过，银河系平铺看上去面积较大，但是这个圆盘平均厚度只有1 000光年，其中包括太阳在内有1 000亿~4 000亿颗恒星，根据开普勒空间望远镜的测算，在这些恒星的宜居带中约有600亿颗行星。

圆盘中的恒星都围绕银河系中心逆时针旋转——这与行星围绕太阳公转的方向相同。太阳大约需要2.2亿年才能完成一次公转，天文学家称之为"宇宙年"。

银河系旋臂

银河系实在是太大了，我们不可能离开它再从外面观测它。以旅行者号探测器的速度，即使是以最短路线前往能够看到银河系全景的位置也需要500万年。不过，如果真的有这样的机会，银河系最引人注目的特征将是它的旋臂。

4条由恒星和气体组成的巨大链条从银河凸起的中心处起，向外弯曲延展。其中两条银河系旋臂较小，而这两条银河系旋臂中的一条是太阳所在的地方。我们可以通过观察银河系中的恒星移动的趋势，并参照宇宙中其他旋涡星系的外形描绘出银河系的样子。

多年以来，银河系旋臂中一直存在一些未解之谜。乍看之下，似乎每条银河系旋臂中的恒星都会一同绕着银河中心旋转，但这其实是错的。旋涡星系的旋转速度相当快，而各个旋臂会随着时间的流逝而散开。如果把银河系比作一个有着几条赛道的跑道，那么靠近中心的那些恒星会比离得更远的那些跑得更快。

按说只需进行几周公转之后，银河系旋臂就将消失，然而事实并不是这样。20世纪60年代，中国天文学家林家翘和徐遐生认识到旋臂就像是堵车一样。一个人刹车之后，后面的每个人都会跟着他一起刹车，而当最前面的车辆开始向前加速时，这场交通堵塞就像波浪一样在车流中向后移动。当你驶入汽车密集的区域时，你也会放慢速度。恒星也是这样。那么当分子云在这种趋势中被压缩时，其中就会诞生新的恒星。这解释了为什么银河系旋臂之中会有很多新恒星诞生。

这种像是堵车一样的现象——天文学家称之为"密度波"—— 中有一种场景你永远都不会在公路上见到。当一颗恒星接近一片恒星密集的区域时，它就会被这些恒星的引力迅速拉入其中；而当恒星想要"超车"时，它也会被这些恒星的引力拉回来，因此，恒星在很长一段时间内都会是密度波的一部分，旋臂也会一直存在。

银心

在落日的余晖中，凯克天文台巨大的圆顶成为夕阳下的剪影，而当夜幕降临，它们缓缓打开，直径10米的望远镜开始工作。自20世纪90世纪中期以来，天文学家一直通过这些位于莫纳克亚山上的望远镜[①]收集来自银河中心处数万年前的星光。

---

① 凯克望远镜由两台相同的望远镜组成。——译者注

它们的任务是探究银河系中的这一切在围绕什么进行公转。透过长达27 000光年的气体与尘埃，天文学家发现了一个周围有许多恒星飞速运行的极其明亮的无线电波源，这就是人马座A*。我们可以利用这些恒星的速度以及距离人马座A*的距离来计算其质量，计算结果差不多是400万倍太阳质量。而它的直径必须小于1 200万千米（差不多是水星到太阳距离的1/5，即8.5倍太阳直径）才能使这些恒星在轨道上稳定运行。这么大的质量，却塞进了相对较小的空间，唯一可能的答案就是，它是一个超大质量的黑洞。

也就是说，太阳正带着我们一起以将近100万千米每小时的速度围绕着一个黑洞运行。所幸，我们离它足够远，不会被吸进去。但是天文学家已经观察到了离它很近的天体。2011至2014年间，天文学家对黑洞周围一个名为人马座G2的气体云进行了观测。起初，他们认为它会消散在虚空中，然而似乎在这团气体云中有一颗恒星在维持着它的形状。

而另一片气体云——人马座B2——大约在400年前曾被黑洞产生的大量辐射击中。该事件表明那时的人马座A*比现在活跃100万倍。

视界面望远镜

银心是检验爱因斯坦广义相对论的完美实验室。在人马座A*周围运行的恒星受到的引力是迄今为止所有用于检验该理论时所见的引力的至少100倍。正如水星近日点进动问题揭示了牛顿力学中的一些缺陷一样，在银河中心围绕着黑洞运行的那些恒星也可能会揭示出爱因斯坦理论的一些漏洞。这些修正中的任何一个，都有可能引领我们找到一个成功的万物理论。

利用凯克望远镜对银心处的恒星持续进行观测将对实现这一目标大有帮助。但是如果我们真的想做到这一点，就需要更仔细地观测黑洞，最好是能看看事件视界边缘外的时空是如何弯曲的。

广义相对论曾预测黑洞应该有一个圆形的暗影：这是一片光环中的黑色区域。它一开始会远离你的视线，随后又会被黑洞强大的引力拉回来。如果它不是圆形，或者大小与我们之前的预计不同，则可能引发又一次革命性的进步。

不过，观测27 000光年外的一团非常紧凑的天体是非常困难的。我们需要一台分辨率比哈勃空间望远镜高2 000倍的望远镜，但是这根本不可能，因为要达到这样的分辨率，这台望远镜的口径得有地球直径那么大才行。但这难不倒聪明的天文学家，他们把美国、墨西哥、智利、西班牙和南极现有的望远镜连接在一起模拟出了一个和地球直径差不多大的望远镜。2017年，这台"视界面望远镜"对人马座A*进行了第一次观测，相信它很快就会给爱因斯坦的理论带来终极考验。

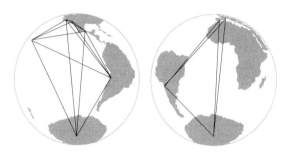

图5-2　观测黑洞周围的区域需要一台口径和地球直径一样大的望远镜，因此天文学家连接起世界各地现有的望远镜，"建造"起了视界面望远镜

费米气泡

我们的星系仍在不断地给我们带来惊喜。2010年，天文学家用费米空间望远镜［为了纪念先驱者恩里科·费米（Enrico Fermi）而命名］发现有两个伽马射线气泡从银河中心飞走。它们一个在圆盘的上方，另一个在圆盘的下方，

各自都膨胀了25 000光年，每个气泡所包含的气体都足够制造出200万个太阳。天文学家认为它们形成于600万~900万年前，是年龄和银河系差不多的星系的一次"心跳"。人马座A*吞噬了一个质量相当于数百倍甚至数千倍太阳质量的气体云后触发了它们的形成。但是，这一过程中并非所有物质都被吞噬了。一些物质在黑洞周围被加速后带着能量又返回了银河系。费米气泡光滑圆润的特点意味着这些能量是在很短的时间内被释放出来的。

这可能是人马座A*最近的一次"暴饮暴食"，在这之后似乎它都一直在"节食"。一些其他星系中的巨大的黑洞比它的胃口要大得多。

银河系自转问题

粗略地看，银河系就像是一个巨大的太阳系，中间有一个大质量天体，周围环绕着很多较小的天体。但是你仔细观察就可以发现，旋涡星系与行星系有着本质上的不同。

太阳系中越靠外的行星公转速度越慢，水星公转一周只需88天，而海王星却需要足足165年。你可能会觉得恒星的公转速度也会随着与星系中心距离的增大而减小，但事实并非如此。

早在20世纪30年代，就有人发现了这些银河系中有关旋转[①]的问题。简·奥尔特——就是奥尔特云名字中的那位荷兰天文学家——当时正在观察银河系边缘的恒星，并试着测量它们的速度。他发现这些恒星的速度实在是太快了，以这么快的速度前进，它们应该已经摆脱银河系的引力而漫游在星系际空间中才对，但是它们并没有。这一事实让奥尔特意识到，银河系的引力一定比我们想象的要大。

但是，此后奥尔特所做的这些工作似乎都被遗忘了，直到20世纪60年代末，美国天文学家维拉·鲁宾（Vera Rubin）才重新捡起了接力棒。在接下来的10年中，她观测了100个旋涡星系的自转，发现了相同的现象——旋涡星系边缘处恒星的公转速度与中央突起处的恒星一样快。很多人认为鲁宾的研究成果足以使她获得诺贝尔奖，但是她已经于2016年的圣诞节过世，与诺贝尔奖失之交臂（诺贝尔奖不会颁发给已经逝世的人）。

----

① 即银河系自转。——译者注

暗物质

对于上述自转问题最普遍的解释是，银河系中隐藏着一些我们看不见的隐形物质，这种"暗物质"将会提供额外的引力，所以边缘处的恒星速度才会那么快。奥尔特在20世纪30年代时提出，这些看不见的物质的数量可能是可见物质的3倍。

一些早期的研究者认为银河系中包含大量"晕内大质量高密度天体"（MACHOs），这些东西从本质上说仍是正常的天体，比如黑洞和中子星。它们的尺寸很小，很难被看到，但是它们质量很大，会产生很强的引力。

现在，我们测量出了比奥尔特的计算结果更为准确的数值——我们能看到的物体只占银河系质量的10%~12%。而剩下的这一部分对于MACHOs来说实在是太多了，所以一定还有别的什么东西。我们可以在某个MACHO偶然间从远处的恒星前面经过的时候，通过微引力透镜效应发现它。但是这类事件发生得太少了，只用MACHOs无法完全解释上述的自转问题。

所以，现在天文学家们认为暗物质还可能以"弱相互作用大质量粒子"（WIMP）的形式存在。其中，"弱相互作用"是指它们与光之间没有相互作用（因此我们看不见它们）；"大质量"指缺少了的那部分引力只可能由这部分粒子提供。与MACHOs不同的是，我们此前从未见过WIMPs，它们是粒子物理学家们为了解释银河系自转问题而提出的一种全新的物质。

我们身边的一切都是由标准模型中的粒子组成的——该模型就像是一本粒子物理学家经过几十年的摸索之后研究出来的宇宙食谱，但是其中任何一种粒子都不像是暗物质。不过物理学家们一直致力于发展超对称标准模型，在这一模型中，所有的粒子都有镜像粒子，WIMPs可能就是这些超对称粒子中最轻的"超中性子"。

寻找弱相互作用大质量粒子

在美国南达科他州地下1.5千米处的一个废弃金矿中，有一罐被70 000加仑①水包裹起来的液氙；同时，位于南极洲冰层深处的探测器也已经准备就绪；在瑞士的大型强子对撞机中，粒子以接近光速的速度碰撞在一起；而在地球上空，阿尔法磁谱仪（AMS-02）随着国际空间站一起每92分钟便环绕地球运行一圈。物理学家正在使用这些仪器寻

---

① 美制容积单位，1加仑≈3.785 412升。——编者注

找他们在宇宙中最想要找到的东西：WIMPs。如果暗物质真的是超对称性的产物，那么欧洲核子研究中心的粒子物理学家们就需要找到能够证明超对称性这一性质确实存在的证据。

如果WIMPs真的存在的话，那么每分钟都会有一颗WIMP击中你。但是围绕在我们身边的东西实在是太多了，想检测到它们几乎是不可能的。因此，科学家在位于南达科他州的地下大型氙实验装置（LUX）的周围，使用了水和岩石来达到屏蔽作用。其工作原理是氙被零散的WIMPs撞击后会产生闪光。

南极的冰立方中微子观测站的探测器与之类似，它们

图5-3　由国际空间站搭载的AMS-02正在搜寻银心处暗物质碰撞时产生的正电子

有冰冻苔原作为保护，也在搜寻WIMPs存在的间接证据。如果银河系中的确存在暗物质，那么当太阳绕银心公转时，其引力会将它们清扫出来，这意味着WIMPs最终会在太阳内部很深处相撞。根据计算的结果，这一过程将产生高能中微子，其蕴含的能量足以使其脱离太阳——这些高能中微子正是冰立方正在搜寻的对象。

最后，目前搭载在国际空间站上的AMS-02正在观测银河系中心的凸起处，那里的物质更密，WIMPs之间的碰撞理应更为频繁，而这些碰撞会产生一种叫作正电子的粒子（相当于电子的反物质）。如果能在银心附近找到过量的正电子，我们可能就掌握了确凿的证据。令人激动的是，我们的确在这里发现了大量正电子，然而，天文学家们还需要排除一些别的产生正电子的原因。

如你所见，物理学家已经为了探测WIMPs而竭尽全力了，但是迄今为止所有的探测都没能给出任何确切的结果。这仍是我们目前最需要努力前进的方向。但是如果短期内还是一个WIMP都找不到的话，恐怕我们就只能重新考虑别的可能了。而另一个与WIMPs完全不同的概念——修正牛顿引力理论（MOND）——的支持者们已经摩拳擦掌、跃跃欲试了。

修正牛顿引力理论

我们需要用暗物质的概念来解释为什么银河边缘处的恒星在以极快的速度运行仍没有摆脱银河系的引力。所以我们"发明"出了一些看不见的东西来填补短缺的引力。

但是，出现这个问题的原因会不会是我们计算引力的方式不对呢？我们计算出的引力不够大的问题是不是因为力的作用在星系这么大的尺度上会和我们的理论有所不同呢？修正牛顿引力理论的支持者对这两个问题的回答都是肯定的。该理论认为引力的计算并不总是像牛顿的万有引力定律中那样，在大尺度上进行计算时需要进行修正。这一观点由以色列物理学家莫尔德艾·米尔格龙（Mordehai Milgrom）于1983年首次提出。

银晕

从我们所在的方位观察银河系这个旋涡星系的时候，看到的是一个扁扁的大圆盘。但实际上银河系像是嵌在一个巨大的暗物质光晕中一样，其中的大部分暗物质都分布在圆盘的上面和下面，而边缘处较少。整个光晕的形状像是一个被压扁的大充气球。

　　天文学家通过围绕着银河系运行的矮星系来研究这个"银晕"。银河系大约有50个这样的"卫星系"，其中每一个都比银河系小得多。就像用在公转轨道上运行的恒星来计算超大质量黑洞人马座 A* 的质量一样，我们也可以用这些卫星系计算银河系的质量。

　　银晕中也有很多球状星团，用一架双筒望远镜或者一架简单的小型望远镜就能看到这些壮观的恒星团。银河系中的球状星团中有多达40%都是逆着公转的——与圆盘中的恒星公转方向相反，像太阳系中逆行公转的行星一样。这可能表明它们并不是随着银河系一起形成的，而是后来被引力捕获的。

　　一颗典型的在旋涡星系周围运行的恒星的加速度仅仅是牛顿的苹果落地时的加速度的一百亿分之一。米尔格龙认为，在加速度如此小的情况下，我们需要对牛顿的方程进行修改。MOND的研究者们认为，在弱引力环境下，物体受到的引力比我们通常预期的要更大一些。

　　任何科学理论只有做出可被证实的预测才真的有意义，而MOND的研究者们就通过修正后的方程预测了17个围绕

"仙女座大星云"（离银河系最近的大星系）[1]运行的矮行星的轨道，并且在预测的位置上找到了它们。

子弹星系团

子弹星系团距离地球近40亿光年，它实际上是两个处于碰撞过程中的星系。天文学家已经确定了高温气体在这一过程中的扩散路径，并且还利用星系团的微引力透镜效应计算了其内部的质量分布。

高温气体的位置与质量的分布存在明显的差异，这表明大多数有质量的物体一定"隐藏"了起来。许多人把这视为暗物质存在的确凿证据以及一种对MOND的有力反击，不过近年来MOND的支持者们也提出了一些对这种现象的解释。

那些对于暗物质的存在持消极态度的研究者也指出了一些问题，这些星系团碰撞时的高速度——每秒3 000千米——并没有出现在早期对暗物质进行的计算机模拟中。

---

[1] 之所以称之为大星云，是因为在发现之初人们误以为这是一片星云，虽然后来确认了它是一个星系，但是旧名称还是沿用了下来。——译者注

但是，现在天文学家已经调整了计算模型，因此子弹星系团仍是研究的重点。

不过，MOND仍是一个较为边缘的理论。大多数天文学家和宇宙学家都更赞成暗物质的存在，这主要是因为暗物质作为一种物理实体，有利于解释早期宇宙结构的形成。在宇宙大爆炸之后不断膨胀的宇宙中，正是暗物质产生的引力将普通物质聚集在一起，形成了恒星和星系。

暗物质还能用于解释为什么仙女座大星云未来将和银河系发生碰撞。二者在宇宙膨胀的情况下反而逐渐向彼此走近。只有这两个星系中的物质是现在我们目前所能看到的所有恒星的80倍，才有足够的引力令它们互相拉动对方。

德雷克方程

其实在发现系外行星之前的很长一段时间里，天文学家一直都对宇宙中的其他地方是否存在生命感到好奇。早在1600年，布鲁诺就提出恒星只是"远方的太阳"，它们也有自己的行星，这些行星上甚至也会有生命存在。

　　20世纪60年代初，美国射电天文学家弗兰克·德雷克（Frank Drake）提出了一种估算银河系中可能存在的智慧文明的数量的方法，他是在"搜寻地外文明计划"（SETI）的第一次专门会议上提出这一观点的。作为一名射电天文学家，德雷克最感兴趣的是可以与我们交流的外星文明。

　　德雷克方程是对概率的一种运用。在计算两件事情同时发生的概率时，我们应该用它们各自发生的概率相乘得到结果，例如，将一枚硬币抛起两次之后都是背面朝上的概率是$\frac{1}{4}\left(即\frac{1}{2} \times \frac{1}{2}\right)$。德雷克指出，行星能否拥有可通过无线电进行通信的智慧文明涉及7个关键因素。这些因素中包括一颗恒星拥有行星的可能性、这颗行星适合生命存活的可能性、生命已在适宜居住的行星上开始繁衍的可能性、繁衍开来的生命最终会产生智慧的可能性等等。

　　德雷克将这些概率相乘之后，估算了银河系中可接触的文明的数量。最初，他计算的结果至少有1 000个，但是根据近年来的观测数据，这个数字比估算要少很多，甚至只有零头。这也许可以解释为什么迄今为止我们都还没有发现任何其他智慧文明存在的证据，不过天文学家们依然在为寻找外星文明而不懈努力。

搜寻地外文明计划（SETI）

早在20世纪60年代初，我们就开始尝试用射电望远镜来寻找外星人发出的信号了。1960年，弗兰克·德雷克在西弗吉尼亚州绿岸镇将一架直径26米的射电望远镜指向了鲸鱼座 τ 星以及波江座 ε 星，但是没收到什么信号。

这就像手中拿着一台收音机一样，天文学家应该调到什么频率来收听呢？德雷克的选择是接近1 420兆赫，这不仅是无线电频谱中相对宁静的一段，也位于氢原子（H）和羟基（OH）的辐射频率之间，而它们合在一起就是水（H_2O）。因此，这一频率被形象地称为"水坑"——外星人可能会在无线电频谱中这较为宁静的一段中相遇并进行交流，就像动物们在大草原上的水坑边相遇一样。

费米悖论

"它们都在哪儿呢？"这个简单的问题被称为"费米悖论"，它和前文介绍过的费米空间望远镜一样，也是以美籍意大利物理学家恩里科·费米命名的。

其实乍看之下，宇宙中的生命应当相当普遍。整个宇宙中有这么多的恒星以及围绕着它们公转的行星，因此在地球之外的地方应当有很多出现生命的机会。另外，既然有很多比太阳古老得多的恒星，那就应该有比地球古老得多的宜居行星，也应该有比我们早出现很久的文明。

然而，如果地外生命真的存在于我们的宇宙中，那么为什么我们从未看到或听到一丁点儿它们的确存在的证据呢？我们在地球上发现了很多早在人类出现之前在这里生活过的恐龙的化石以及早期原始人类的手工制品，但是我们从未在太空中"发掘"出类似能够证明银河系现在还有别的生命存在或者曾有生命存在的"考古发现"。

一些天文学家认为，这是因为人类是银河系中唯一的智慧文明，而另外一些则认为智慧文明在被别人发现之前就已经自我灭亡了。不过，尽管困难重重，我们仍然一直在耐心地搜寻着宇宙中可能存在的"邻居"发出的信号。

从德雷克以来，天文学家一直致力于在这一频率上收听太空中的信息。但是即使只是对离我们最近的 1 000 颗恒星进行查询，也意味着要检索超过 2 420 亿个信道。2015 年，俄罗斯亿万富豪尤里·米尔纳（Yuri Milner）投入了 1 亿美元，这对于 SETI 来说是一个巨大的推动力，为期 10 年的

"突破聆听计划"[①]即脱胎于此，这也是迄今为止人类对外星通信进行的范围最大的一次搜索。

然而，在近60年的搜寻中，我们从未收到过有关外星人的任何信息。不过，也还是有一个信号仍然没有合理的解释，这就是发现于1977年的"Wow!"信号。这个信号是由俄亥俄州立大学的大耳朵射电望远镜发现的，它具有所有可被认为是由外星人发射的特征。天文学家杰里·R. 埃曼（Jerry R. Ehman）对这段长达72秒的射电暴兴奋异常，他在打印出的数据表中圈出了这一信号，并用红笔在旁边写下了"Wow!"这个词。但是，在此之后我们再也没能探测到这条信号，于是也无法证实它是否真的来自外星人。这可能是人类历史上最具里程碑意义的一张图表，也可能只是一张废纸，而这种挫折恐怕会是日后SETI的家常便饭。

本星系群

麦哲伦云

葡萄牙探险家费迪南德·麦哲伦（Ferdinand Magellan）

---

① 该计划是由尤里·米尔纳全额出资，史蒂芬·霍金启动的大规模外星智慧文明搜索计划。——译者注

在16世纪尝试环球航行时曾造访南半球，他在那里发现天空中有两朵巨大的星云，它们随着地球的自转一起在夜空中穿行。尽管当时麦哲伦并不知道自己看到了位于银河系之外的天体，我们还是称之为"麦哲伦云"。

它们是本星系群的一部分——本星系群指的是银河系附近所有的星系的集合，其中包含围绕着银河系旋转的矮星系，以及仙女座星系云、三角座星系等。麦哲伦云几乎只在南半球可见，它们横跨了剑鱼座、山案座、杜鹃座和水蛇座，住在南半球的人们用肉眼就能很容易地看到它们。

大麦哲伦云（LMC）直径为14 000光年，距离我们160 000光年。它在夜空中的面积约有20个满月那么大。蜘蛛星云即位于其中，这是本星系群中恒星形成最为活跃的地方。1987年，一颗超新星在大麦哲伦云的边缘附近爆发，我们称之为SN 1987a，它是自1604年开普勒超新星以来我们观测到的又一次超新星爆发。在爆发的过程中，人们用肉眼就能看见它。

小麦哲伦云（SMC）距离我们比大麦哲伦云远40 000光年，其大小则只有大麦哲伦云的1/2。它与大麦哲伦云相互间的引力作用形成了"麦哲伦桥"——一条由氢气组成的气流横跨于两者之间的空白地带上，而类似效应也在银河系和大麦哲伦云间产生了"麦哲伦星流"。在大麦哲伦云的中央有一个奇特的条形，这可能意味着它本来应该是一个矮旋涡星系，但周围星系的引力已经彻底破坏了它的旋臂。

造父变星

1908年，美国天文学家亨丽爱塔·勒维特（Henrietta Leavitt）发表了天文学史上最重要的论文之一，文章题为《麦哲伦云中的1777颗变星》。

这篇论文研究的是"造父变星"。这类恒星会周期性地膨胀再收缩，而这会导致它们的亮度发生规律性变化。造父变星还给我们提供了一种可用于测量太空中的距离的宝贵方法，我们通常称之为"标准烛光"。离我们较近的恒星，可以用视差法测量其距离。但是对于那些太远的恒星，视差法便不再奏效，这时我们需要"标准烛光测距法"。

这种方法像是透过远方建筑物的窗户观察一个灯泡，距离越远，灯泡就越暗，因为光会随着距离变长而减弱。这时，只要知道这个灯泡的实际亮度（比如40瓦或者60瓦），我们就可以计算出它的亮度减弱了多少，进而计算出我们与这座建筑物之间的距离。

把这一计算过程放到太空中也是一样，只是这些恒星实际上有多亮我们并不清楚，而这就凸显了勒维特研究造父变星的价值。她发现造父变星越亮，则其光变周期就越长，所以只要通过观察得到一颗造父变星的光变周期，就能计算出其实际亮度。之后就像灯泡的例子一样，我们可以很容易地计算出这颗造父变星与地球之间的距离。

随后我们会看到，在20世纪的头几十年里，我们在宇宙及其起源的理解方面取得了突飞猛进的进展。不过，如果没有勒维特发现的关于远距离恒星的测距方法，这所有的突破都将无法达成。

仙女座星系和三角座星系

流星、彗星、行星、恒星、球状星团、星云、双星……夜空中的景色是一场视觉盛宴。不过，如果没有望远镜，我们仅凭肉眼能够看到的最远的天体是什么呢？答案是离我们最近的星系——仙女座星系。

我们肉眼无法看见仙女座星系中的星星，只能看到一块模糊的光斑，像是有人用手指在漆黑的背景上抹脏了一块。仙女座星系中有一万亿颗恒星，它之所以看起来只是一缕天空中飘过的云，是因为它距离我们有250万光年。光的速度已经足够快了（每秒30万千米），但是一束光从仙女座星系一路跋涉到银河系也得250万年。

所以，当我们看向仙女座星系的时候，我们看到的是它在250万年前发出的光。这束光刚出发的时候人类甚至还没有出现在地球上。那还是石器时代早期，我们的远祖南方古猿才刚刚学会用石头制作工具。

如果仙女座星系中有外星人的话，只要用足够强大的望远镜对地球进行观测，他们所能看到的就只是南方古猿。他们不会知道这些猿人的后代用死去的树木制成船只在海洋中遨游，更不会知道这些后代还发射了金属制的飞船向另一片"海洋"进发——这一次不再是蔚蓝的大海，而是深邃的太空。

我们通常会把仙女座星系当作肉眼可见的最远的天体，但是也有很小一部分视力非常好的人可以在一片几乎全黑的天空中找到三角座星系。三角座星系是本星系群中的第三大星系，距离我们300万光年，处于仙女座星系的引力影响之下，它们之间的氢气流[1]长达782 000光年。

---

① 类似前文所述的麦哲伦桥。——译者注

银河仙女星系

仙女座星系和银河系处于不断的运动中，两者之间正在以每秒100千米的速度互相靠近，并且这一速度还在加快。在大约40亿年后，这两个巨大的星系将发生碰撞。

这听起来像是一场巨大的灾难，不过旋涡星系并不是固态的物体，它们之间的碰撞不会像车祸那样两辆车迎面相撞，而是两个星系的圆盘互相穿过，恒星和尘埃在引力的作用下向外飘散。最终，它们会合并成为一个"超级星系"，天文学家称之为"银河仙女星系"。在合并的过程中，三角座星系会被仙女座大星云拖过来，并且最终围绕着新的星系运转。

对于这一事件的计算机模拟结果表明，太阳有12%的概率会在合并的过程中被甩出去，从而在星际空间中流浪。不过，地球上的生命倒是犯不着担心这一天的到来，因为到那时太阳已经把地球变成了生命无法存活的炼狱。而那时的仙女座星系会由于距离我们非常近而显得颇为壮观，它在夜空中会是满月大小的6倍。

星系合并在宇宙中非常普遍，天文学家对此研究得很多。其中最著名的例子是乌鸦座触须星系，它的名字来源于从中部向外喷射而出的气体流，看起来像是昆虫的触角。

它形成于大约10亿年前的两个星系间的碰撞，这导致了气体云和尘埃云的聚拢，随后就是一段极为迅猛的恒星形成期。

另一个著名的星系合并事件发生于涡状星系①的身上，它有一个伴星系，这是一个名为NGC 5195的矮星系。种种迹象表明，可能是在5亿~6亿年前，在它试图穿过自己的主星系时发生了合并事件。

更遥远的星系

星系团和超星系团

如果从本星系群向外走去，你会遇到一些别的星系群，比如离我们最近的有M81星系群、M51星系群及M101星系群等，我们用星系群中最大的星系来为其命名，这些星系团都属于室女座超星系团的一部分。室女座超星系团是一个极为庞大的结构，包含本星系群在内的100多个星系群，它伸展开来的尺度超过一亿光年，可观测宇宙中大约有1 000万个这样的超星系团。

---

① 亦称NGC 5194，NGC为星云和星团新总表，共收录7 840个天体，包含所有类型的深空天体。——译者注

室女座星系团

巨大的室女座超星系团，是以其中最大的位于核心处的成员室女座星系团命名的。本星系群大约包含50~60个星系，室女座星系团中则有大约2 000个星系，其总质量大约是太阳的1 000万亿倍以上。

M87是室女座星系团中最受关注的星系之一，其周围环绕着12 000个球状星团，而银河系周围只有150个。它的中心处也有一个超大质量的黑洞，其质量高达70亿倍太阳质量，可作为比较的是，银河系中心的人马座A*仅为400万倍太阳质量。

在M87星系的中心处有一股令人惊奇的热流，已经喷射出了近5 000光年的距离。这股热流中的物质在中心黑洞的引力作用下被加速到接近光速之后，再被喷射出去。天文学家希望能够借助视界面望远镜了解更多关于这股热流的信息。

如果想要看到M87星系或者是室女座星系团中其他成员，你只需要借助一架小型望远镜，把它指向狮子座的五帝座一和室女座的东次将这两颗星之间宽度约为10度的天区即可。

我们很难在脑海中构建出如此巨大的一个结构，将其和地球上的某些事物放在一起类比可以更好地理解（见表5-1）。请把太阳系想象成你的家，而太阳和行星则是房子里的房间，那么开普勒空间望远镜和其他望远镜发现的那些系外行星系统就是你家所处的街道上的其他的房子——它们虽然分割成了单个的行星系统，但是相互之间的距离都不算太远。

表5-1　宇宙与地球的类比对照表

在地球上	在宇宙中
你的房子	太阳系
你的街道邻居	系外行星
你所在的城镇/城市	银河系
你的国家	本星系群
你所在的大陆	室女座超星系团
地球	可观测宇宙

再把视野放得更大一些，接下来就是城镇（或城市）的类比。一个星系即为星星组成的小城，因此银河系相当于我们在太空中的故土。而其中心凸起处的"市中心"区域就比边远地区的"郊区"更为繁华。

在地球上，许许多多的城镇聚集在一起形成了国家，在太空中，则是星系组成了星系群。国家一般坐落于比其范围更大的陆地之上，即大陆，这些星系团也都位于更大的超星系团之中。正如我们的地球是由一块一块大陆组成的，可观测宇宙也是由一个个超星系团组成的。

星系分类

并非所有的星系都是旋涡状的，比如M87就是一个椭圆星系，它没有明显的尘埃带和旋臂，形状像是一枚橄榄球。与那些扁平的旋涡星系不同，椭圆星系的旋转比较缓慢。

最初我们采用"哈勃序列"来给星系分类——这一名称是以美国天文学家埃德温·哈勃的名字来命名的。哈勃序列把星系分为三类：椭圆星系、旋涡星系和透镜状星系（旋臂不够清晰的圆盘星系）。

哈勃一开始将这些星系排列在一张音叉状的图（图5-4）中。很多人都误以为他在以这种方式来展示星系的演化：随着旋转速度越来越快，椭圆星系会逐渐变成透镜状星系，并最终形成旋涡星系。但这并不是哈勃的本意，并且今天

我们也已确认星系并不是沿着这条路径进行演化的，不过，
"哈勃音叉图"在星系分类中仍是一个行之有效的方法。

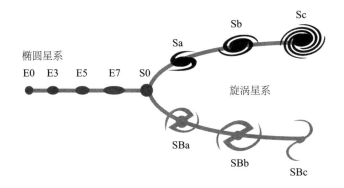

图 5-4　哈勃音叉图中展示了不同类型的星系：椭圆星系（E）、
透镜状星系（S0）以及旋涡星系（S）

我们通常用E代表椭圆星系，再在后面加上数字0~7来
对它们的形状进一步细分，数字越大代表椭圆率越大。透
镜星系的符号是S0。核心处没有恒星聚集出的短棒形态的
旋涡星系（即非棒旋星系）则是Sa、Sb、Sc，其中第二个
字母在字母表中的排序越靠后代表其旋臂越松散，还有一
些星系的形态被归在两组之间，如Sbc。棒旋星系的分类是
SBa、SBb、SBc。

梅西叶天体

用单筒或双筒望远镜观察夜空，你会看到很多像云一样模糊的光斑，其中一些是银河系中的星团或者星云，其他的则是像仙女座星系这类遥远的星系。

18世纪，法国天文学家查尔斯·梅西叶（Charles Messier）给这些天体编制了一个星表。作为一名彗星猎手，他做这件事的目的在于记录下那些（在观测中）容易被误认为彗星的天体，并为它们一一编号为M1、M2、M3等。

目前，我们见到过的许多极为壮观的天体都被收录在梅西叶星表中，蟹状星云——1054年超新星爆发的遗迹——就是星表中的第一个天体，即M1。仙女座星系和三角座星系分别是M31和M33，我们刚刚介绍了M87，而之前那个发生了星系合并事件的旋涡星系（即NGC 5194）是M51。

最终，梅西叶在星表中记录了103个天体，其中最后一个是仙后座中的疏散星团。不过，近年来现代天文学家又在星表中增加了一些星系，现在表中的编号已经排到了M110——这是一个围绕着仙女座星系运转的矮星系。

这一分类系统也存在一些问题，因为对星系进行分类取决于我们观察它们的角度。我们如果面对一个已经失去了大部分旋臂的古老的旋涡星系的侧面，那么就很容易误以为其是椭圆星系。2011 年，从事 ATLAS^{3D} 研究的天文学家发现，在本星系群中，之前被归为椭圆星系的实际上有 2/3 都是快速旋转的圆盘。

活动星系核

正如我们所见，M87 星系的中心区域比银河系的中央凸起处要活跃得多，因此天文学家将其称为"活动星系"，其中心区域则被称为"活动星系核"（AGN），而银河系并不是一个活动星系。

一个星系是否属于活动星系取决于其核心处超大质量黑洞吞噬了多少物质。黑洞在吸入许多物质后会形成一个吸积盘——实际上这是一个由即将进入黑洞的物质在旋转中组成的巨大而扁平的队列。随着气体和尘埃向内盘旋的速度越来越快，它们之间的摩擦会使温度急剧上升，这些温度极高的物质发出高能紫外线和 X 射线。活跃星系的中心释放出的能量通常会比星系其他部分的总和还要多，有些活动星系核会释放出的能量甚至比1 000个银河系加起来更大。

　　有时，活动星系核释放的能量会在短时间内激增。有人认为这是由于超大质量黑洞有时会吞噬非常巨大的天体造成的。天文学家可根据能量爆发的峰值持续的时间来判断这个被吞噬的天体有多大，一次持续一周的爆发可能是由一片直径为一光周（即一光年的1/52）的尘埃云造成的。

　　大约有1/10的活动星系，其吸积盘和中心黑洞磁场之间的相互作用会将某些物质聚集成为对称的喷流，并与黑洞磁场成直角，M87中就正在发生着这样的天体活动。不过，这些喷流并没有从黑洞的内部逃逸出去——这仍是一件不可能的事，它们只是在逐渐远离黑洞事件视界之外的吸积盘。

类星体和耀变体

　　绝大部分能量最强的活动星系核距离我们非常遥远，但我们还是可以看见它们。乍一看你会觉得它们似乎是恒星，但是通过测量，人们发现它们通常都距离我们数十亿光年。没有任何一颗正常恒星的亮度能达到这么远也能被看得见的程度，所以那时人们称之为"类似恒星的天体"，后来就直接简称其为类星体（见图5–5）。

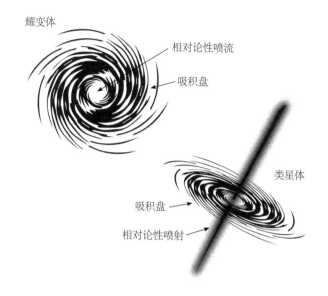

耀变体

相对论性喷流

吸积盘

类星体

吸积盘

相对论性喷射

图 5-5　根据观察角度的不同，天文学家将活动星系核分为类星体和耀变体

　　天文学家对活动星系核的称呼还取决于我们观察它的角度。如果一束喷流的方向恰好正对着我们的话，我们便不称之为类星体，而称之为耀变体。活动星系核的喷流往往较窄，所以耀变体是很致密的。另外，它们的变化性也很大，这是因为活动星系核的喷流强度取决于中心黑洞吞噬规模的大小。

　　研究类星体和耀变体这一类遥远的天体意味着回顾过

去，就像是收到一张朋友寄来分享假期的明信片。但是当你收到明信片，并阅读上面的文字时，你并不知道朋友此时此刻在做什么——你只知道几天前，他们写这张明信片时在做什么。信息的传递需要时间，所以明信片只能给你带来过去的消息，而不是现在的，光和空间也是这样。

当我们看到一个距离我们10亿光年的天体时，从那里出发的光经过10亿年才到达地球，所以我们看到的是10亿年前的宇宙景象。天文学家发现，大多数类星体和黑洞都离地球很远，这意味着与现在相比，它们可能在早期宇宙中更为常见。

红移

翻开20世纪的天文学史，你会看到许多鼎鼎有名的科学家的名字，但是维斯托·斯里弗（Vesto Slipher）并不是其中之一。虽然他的名字被历史所忽视，但他对宇宙学的贡献是无价的：他在1912年首次测量了星系的红移。

我们在介绍探测系外行星所使用的径向速度法时，提到过红移和蓝移的概念。如果一个光源正在远离你，它的光波将会伸展开来，其谱线——黑色条形码图案——将向着光谱的红色端移动；光源在接近时，其谱线则会向蓝色端移动。谱线移动得越多，代表物体移动的速度越快。

斯里弗是第一个仔细分析星系光谱并发现这些变化的天文学家。截至1921年，他共计对41个星系进行了研究，并且发现仙女座星系以及其他三个星系正在向我们靠近（它们的光谱发生了蓝移）。不过，斯里弗研究的星系中大多都发生了红移——它们正在远离银河系。

现在，我们已经发现了大约100个蓝移的星系，而红移的星系则有数百亿之多，这意味着几乎宇宙中的所有星系都在远离银河系。

哈勃极深场

哈勃空间望远镜彻底改变了我们了解宇宙的方式。

"哈勃深场"是哈勃望远镜拍摄的最著名的照片之一。1995年12月18日至28日，天文学家使用哈勃望远镜仔细观察了天空中的一小部分，这与整个天空相比大约只相当于手臂上的一粒沙那么大。此次拍摄得到的照片中是约3 000个各种微粒斑点及看上去像污迹一样的点，其中很多是已发现的最遥远的星系。它们离我们实在是太遥远了，它们中

的很多现在实际上已经不存在了，而我们才看到其在130多
亿年前出发的光。

2003至2004年间，天文学家们又拍摄了一张类似的被
称为"哈勃极深场"的照片，并根据这张照片推测，可观
测宇宙中大约包含2万亿个星系，这些星系中每一个都包含
数千亿颗恒星。这个数字比人类历史上所有的心跳次数加
起来还要多——如果按照每秒一次心跳计算，那么把每一
个曾经存在过的智人的心跳总次数加总后也仅仅是天上所
有星星的总数的1/1000。

哈勃定律

与星系红移关系最大的那个人并不是斯里弗，而是他
的同事、美国天文学家埃德温·哈勃。哈勃使用由亨利爱
塔·勒维特开创的造父变星法测量了许多星系的距离，并将
其与斯里弗得到的有关星系红移的数据进行了比较。比较
后，他发现了一个简单的规律：星系距离越远，红移越大，
也就是说，星系远离我们的速度随着距离的增大而增大。
哈勃于1931年发表了这一研究。

我们现在称之为哈勃定律 [尽管比利时神父同时也是

天文学家的乔治·莱马特（Georges Lemaître）也在1929年提出了类似的观点］。哈勃定律中的常数值也因此被称为"哈勃常数"，记为 H_0。它可以告诉我们星系远离的快慢。大约星系与我们之间每增加100万光年的距离，星系远离（亦称退行）的速度每小时就增加21千米。假设星系A的距离比星系B远100万光年，那么它远离我们的速度每秒就会比星系B快21千米。

基于哈勃定律，测量红移已成为一种非常实用的测距方式。你所需要做的就是分析一个星系的光谱，计算出它的红移，然后用哈勃定律将红移转化为距离。目前已知的距离地球最远的天体——也就是红移最大的天体——是GN-z11，它位于大约134亿光年之外。

正在膨胀的宇宙

哈勃定律是一条非常简短的命题：星系距离我们越远，其远离我们的速度就越快。然而，这个看似轻描淡写的想法意义极为深刻，它意味着我们的宇宙正在膨胀。

乍看之下，你可能还无法发现这一点，为了更好地理解，请你想象一块即将放入烤箱的缀满葡萄干的面团。假设这块面团将会在一个小时内膨胀为原来的两倍，那么这时以其中一颗葡萄干的视角看会发生什么呢？最初离你只有1厘米远的一颗葡萄干，现在和你之间的距离变成了2厘米；最初离你2厘米远的一颗葡萄干，现在和你之间的距离则是4厘米。也就是说，离你更近一些的这颗葡萄干在这一个小时内相对于你移动了1厘米，而更远一些的那颗葡萄干则移动了2厘米。发现了吗？离你更远的葡萄干似乎移动得更快。

你甚至可以使用这样的表述："在膨胀的面团中，似乎葡萄干的距离每增加一厘米，它远离的速度每小时就增快了一厘米。"这正是哈勃常数所表示的：星系的距离每增加100万光年，则它远离的速度就增快了每秒21千米。正如在膨胀的面团一样，宇宙也是如此。

星系在太空中的移动并不意味着星系本身在逐渐后退，毕竟葡萄干本身也没有在面团上移动，实际上是星系之间的间隔随着它们之间的空间的伸展而变大。我们和遥远星系之间的距离越大，我们与它之间的空间就伸展得更多，在我们看来，就像是它们远离我们的速度变快了。

第6章
宇　宙

宇宙大爆炸

大爆炸理论的起源

　　哈勃的研究告诉我们宇宙正在膨胀，这也就是说宇宙每一天都在变大，有可能在很久以前，宇宙是很小的。这与早前亚历山大·弗里德曼（Alexander Friedmann）和乔治·莱马特在20世纪20年代的研究结果相当吻合，他们运用爱因斯坦广义相对论中的方程式证明，宇宙在诞生之时极为致密，后来随着时间逐渐膨胀。

　　我们可以用宇宙变大的速率——哈勃常数——反过来计算出宇宙从何时开始膨胀，现在我们得到的答案是138亿年前。如果对宇宙膨胀的过程进行逆向推导，你会发现宇宙中的所有物质之间变得越来越紧密。如果这一推导过程是遵照广义相对论进行的，那么所有的空间（或可称为时空）最终都会集中在一个奇点上，正是广义相对论预测的位于黑洞中心的那个体积无限小、密度无限大的点，空间和时间的概念都终结于这一点。

这些线索共同表明，一个极小、极热的点在大约138亿年前发生了爆炸，而时间和空间即起源于此，天文学家称其为"宇宙大爆炸"[①]。从此以后，在爆炸中产生的宇宙就一直不断地膨胀同时冷却。

稳恒态宇宙模型

"宇宙大爆炸"这个词是英国天文学家弗雷德·霍伊尔（Fred Hoyle）在1949年某次接受BBC（英国广播电台）采访时提出的创造性用法，他同时也是该理论的一位主要批评者。霍伊尔提倡的是"稳恒态宇宙模型"——他认为宇宙几乎一直是以我们现在所看到的样子存在着的。和宇宙大爆炸形成鲜明对比的是，时间和空间在稳恒态模型下

---

① "Big Bang"实际上没有"宇宙"的前缀，但因其讨论的是宇宙起源问题，所以也被译为"宇宙大爆炸"。——编者注

的宇宙中没有开端，也没有结束。这一理论是在1948年由霍伊尔、亨曼·邦迪（Hermann Bondi）和托马斯·戈尔德（Thomas Gold）提出的。

他们另辟蹊径的原因在于，大爆炸理论在20世纪40年代遇到了一个很大的问题：它认为宇宙比地球还要年轻。由于无法精确测量星系之间的距离，当时的天文学家严重高估了哈勃常数——宇宙膨胀速度的度量值。由于他们认为眼下宇宙膨胀的速度比以前快得多，便大大低估了宇宙的年龄。天文学家最初通过哈勃常数计算得到的宇宙的年龄仅为20亿年，但是地质学家却已经在地球上发现了30亿年前产生的岩石。

稳恒态宇宙模型认为，随着空间的伸展，会有新的物质诞生来填补空白，并以此来解释人们观察到的宇宙的膨胀。如此一来，宇宙的整体密度随着时间的推移依然会保持稳定。这也就意味着新的恒星和星系会在一堆比它们老得多的恒星和星系中横空出世。在这样一个稳定的宇宙中，相邻的恒星和星系的年龄应该是不尽相同的。

因此，20世纪40年代，如同科学史上多次上演的故事一样，这两种对立的理论之间存在分歧。人们唯一可以做的是，分别使用它们来预测宇宙应该是什么样的，之后再将目光投向宇宙，根据这些预测来寻找能够支持它们的证据。

核合成

稳恒态宇宙模型并不需要解释宇宙在演化到现在这个样子的过程中发生了什么，因为它一直都是以现在的状态存在的。而大爆炸理论就比较麻烦了，它不仅仅认为空间和时间有一个开端，并且还认为起初的宇宙与现在的状态截然不同。如果要让大家相信大爆炸理论是正确的，那么你就需要解释一个极小、极热的点是如何演化成我们看到的充满恒星和星系的大宇宙的。

如果今天的宇宙曾经比一个原子还要小，那么它的温度将会非常高——在大爆炸发生一秒后高达100亿摄氏度。天文学家可以根据我们目前所掌握的粒子物理学知识，来推测在极端条件下会发生什么，比如大型强子对撞机这样的粒子加速器就一直在做这样的事——模拟大爆炸发生之后的环境。

最初，"婴儿宇宙"中充满了能量，但是在大爆炸发生后的第一秒内，极高的温度足以将能量转化为物质。质子、中子、电子就是在这段时间内形成的——正是这些粒子构成了原子。然而，在膨胀仅仅持续了一秒钟之后，宇宙的温度已经稍微下降一些，无法再产生更多的粒子了。

随后，一些质子和中子结合到一起，形成了一种名为"氘核"的粒子（亦称重氢核，氢原子的一种形式）。第三分钟时，宇宙的高温仍能维持核聚变的进行，但又不至于温度高到会将已生成的粒子炸开。一些氘和质子结合到一起形成了氦原子核——这与太阳中心处将氢转变为氦的过程是一样的。天文学家称之为"核合成"。

不过，在大爆炸发生20分钟后，宇宙已经进一步地冷却下来，以至于无法使这一过程继续进行。计算表明，在这17分钟的爆发性核聚变过程中，宇宙中大约有1/4的氢都转化成了氦。

于是，这就成了大爆炸理论的基本前提。一旦聚变过程停止，直到数百万年后第一批恒星出现，并制造出更重的元素之前，都不会再有任何能够改变宇宙组成部分的方法了，因此今天的宇宙应该仍是由75%的氢和25%的氦组成。而天文学家在观察现在的宇宙时，的确也得出了这样的结果——这是支撑大爆炸理论的关键论据。

反物质都在哪里呢？

能量转化为粒子的过程被称为"粒子对产生"（Pair

Production），顾名思义粒子总是成对产生的——一个物质和一个反物质。反物质粒子是正常粒子的镜像，具有与其相同的性质，但所带电荷相反。例如带负电荷的电子，其反粒子就是正电子。

只要能量高到足够转化成两个粒子所需的质量（根据爱因斯坦提出的著名方程式 $E = mc^2$ 计算），粒子产生就可以产生一对粒子和反粒子，这就是大爆炸理论中粒子产生仅仅在大爆炸发生一秒后便停止的原因。尽管此时温度仍然很高，但是对于粒子产生来说，宇宙已经冷却得很彻底了，此时的可用能量已经不足以转化为新的粒子–反粒子对所需的质量了。

粒子产生的逆反应是"湮灭"，指粒子和反粒子相撞后又转化回能量。由于在粒子产生中生成的物质和反物质是等量的，因此在大爆炸发生之后的138亿年以来，所有的物质应该都已经与反物质相互湮灭了，只留下一个充满能量的宇宙。

但是这一切还没有发生，宇宙中还存在着大量的物质——恒星、行星、人类。天文学家认为，每产生10亿个反物质粒子就会产生10亿零一个物质粒子，所有的反物质都在之后的漫长岁月中与绝大多数物质相互湮灭，而你所能看到的周遭的一切都是尚未湮灭的粒子组成的。为什么宇宙中产生的物质比反物质正好多出一点儿？这是物理学中最大的悬案之一。

"复合"

根据大爆炸理论，宇宙将25%的氢转化为氦之后，聚变就停止了，而此时宇宙才刚刚诞生20分钟。之后，在一段相当长的时间里——38万年——几乎什么事都没有发生。那时的宇宙是一片充斥着能量、电子、质子（氢原子核）以及氦原子核的海洋，并且在不断地膨胀和冷却。

正如我们在第5章中看到过的那样，观察宇宙中距离我们非常遥远的天体等同于回顾过去的时间。但是，我们无法回看宇宙诞生后的头38万年，因为那时的粒子分布得太过密集，以至于没有光能够逃脱出来。我们想要观察它们，就像是在雾中寻找什么东西一样。

然而，根据大爆炸理论，宇宙经过充分的膨胀和冷却之后，质子和氦原子核就能够吸引周围的电子，从而形成原子。这一过程将会释放出相当大的空间，并且光在一瞬间就可以向外传播了。物理学家称之为"复合"，不过这个名字起得不是十分恰当，因为电子和原子核在这之前并没有结合过。

不过，如果大爆炸真的发生过的话，在复合发生的同时释放出来的光应该充斥整个宇宙，尽管在过去的138亿年中它失去了大量能量，但它应该仍然存在。这种遗留的辐射是大爆炸理论做出的关键性预测，因为稳恒态模型下的宇宙并不会有这样的辐射，它的存在与否对于这两种理论的对错至关重要。

宇宙微波背景

1964年，美国天文学家阿诺·彭齐亚斯（Arno Penzias）和罗伯特·威尔逊（Robert Wilson）在使用位于美国新泽西州霍姆代尔的喇叭天线工作。该天线建造的目的在于接收第一批发射到太空中的通信卫星反射回来的无线电波，这些信号非常微弱，因此彭齐亚斯和威尔逊两人当时正在对天线进行校准，以消除所有更大的背景噪声，包括本地的无线电波。

然而，尽管他们已经把所有能想到的信号全部去除了，但天线仍然能接收到一个微弱的噪声，它从四面八方而来，并且从不停歇。起初，他们认为这可能是鸽子在喇叭状的天线中栖息时留下的粪便造成的，还因此称之为"白色介电材料"。但是，当他们驱逐了鸽子，并且把鸽子留下的粪便清理干净之后，噪声依然存在。

与此同时，就在一条马路之隔的普林斯顿大学里，罗伯特·迪克（Robert Dicke）的团队正在寻找由大爆炸发生38万年后的复合遗留下来的辐射。当迪克听说了彭齐亚斯和威尔逊探测到的噪声之后，他说出了一句很著名的话："各位，我们被人抢先了。"我们现在把这种辐射称为宇宙微波背景（CMB）。它完全是被偶然发现的，但是这一发现却将稳恒态宇宙模型完全击溃。它也作为一个铁证，表明宇宙的确是从一个极小、极热的点演化而来。

图 6-1 CMB 是说明宇宙的确是从一个极小、极热的点演化而来的铁证

在CMB被释放出来的时候，宇宙已经在膨胀的过程中冷却到大约 3 000K（2 727摄氏度），这与红矮星表面的温度相似，所以复合之后释放出的第一束光应该带着淡淡的红色。然而，长达130多亿年的膨胀已经将这种光拉伸至波长

低于用肉眼能够看到的程度，这就是为什么今天我们只能在光谱上的微波和无线电波频段找到它。它的温度现在只有2.7K（零下270摄氏度）。

其实如果想要亲身感受宇宙大爆炸留下的余晖，你倒也不是必须拥有一个巨大的喇叭天线。在老式的模拟电视上，当你在频道之间调台时，你会看到黑白噪点的画面以及听到嘶嘶的声音；与之类似，你在使用收音机调换电台时也会听到噼啪声。这些噪声中有1%来自CMB，在做这些事时，实际上你接收到了宇宙中最古老的光。宇宙大爆炸的回响通过电视和收音机转换成了低频的声波，传入你的耳中。

类星体

在科学家发现宇宙微波背景的前一年，马丁·施密特（Maarten Schmidt）发现了第一个类星体。这些天体是星系中非常明亮的核心。从那时起，天文学家迄今已发现超过200 000个类星体，它们几乎都离我们非常遥远。

如果早期的宇宙中包含许多的类星体，但我们附近却没有（或者说它们在现代的宇宙中不再出现）的话，那就说明宇宙在随着时间逐渐不断演化。稳恒态宇宙模型中不可能会有类星体的存在，另外我们也没有发现任何一颗恒星的年龄大于138亿岁——也就是人们推测出的宇宙大爆炸发生至今的时间。类星体是大爆炸理论的四大支柱之一。

大爆炸理论的四大支柱分别是：

- 宇宙膨胀
- 核合成（75%的氢和25%的氦）
- 宇宙微波背景
- 类星体的分布

宇宙的中心在哪里？

这是一个很常见的问题。人们经常认为我们一定处于宇宙的中心，因为我们看到各个方向的星系都在远离我们，但其实每一个星系中的人都会有这样的感觉。在上一章中，我们将星系与面团中的葡萄干进行了比较。我们说把自己放到任意一颗葡萄干的位置上都可以发现其他葡萄干在远离自己，但是很显然，不可能每一颗葡萄干都处于中心位置。

经常有人要求天文学家指出宇宙大爆炸是在哪里发生的，但实际上这是不可能完成的事情。也许是因为"大爆炸"这个名字让人们常常将其与炸弹爆炸联系到一起,而如果一个炸弹在一个房间中爆炸的时候,我们的确可以用碎片还原出爆炸在何处发生。但是,宇宙大爆炸的不同之处在于它创造出了空间。想象一下,一个炸弹在爆炸中生成了一个房间,难道你还能找出这颗炸弹是在这个房间中的什么地方爆炸的吗?

请你在宇宙中随意选取一点,然后想象一下当大爆炸发生时这个点处于什么位置,其实这一点本身就是爆炸的一部分。这就是为什么天文学家说大宇宙大爆炸同时发生在每一点上。

大爆炸理论中存在的问题

大爆炸理论无疑是我们用于解释宇宙起源的最佳理论。目前为止我们得到的所有证据都指出宇宙起源于一个极小、极热的点。不过,有关这一理论尚有一些琐碎问题亟待解决。

怎样才能无中生有?

在最初版本的大爆炸理论[1]中,宇宙起源于一个奇

---

[1]   即不包括暴胀理论的大爆炸理论。——编者注

点——爱因斯坦广义相对论所预言的体积无限小、密度无限大的点。体积无限小意味着它根本就没有什么"大小"可言，但是怎么样才能无中生有呢？

除非奇点可能并不真正地存在于宇宙中，它们更像是一个散发着耀眼光芒的霓虹灯牌，提醒着我们对物理学的了解并不透彻。正如我们在第4章中看到的，物理学家正试图将爱因斯坦里程碑式的理论与量子物理学结合起来，以创造一个更加完整的万物理论。

我们已经知道的是，在量子事件中的的确确有一些无中生有的现象。即使是在一个完全真空的环境中，能量也能转变为转瞬即逝的粒子对，物理学家称之为"虚粒子"，也就是我们在黑洞的霍金辐射中认识到的粒子。如果真的有万物理论的话，那么它将告诉我们爱因斯坦的时空结构实际上并不连续，而是由一连串的气泡构成的，这些气泡也会像虚粒子那样，凭空出现又突然消失。

这样一来，也许我们的宇宙并不是无中生有的产物，而是产生于时空中的一个小气泡。这个小气泡（小到）几乎就是奇点，但它并不是。不过，我们需要解释为什么这个气泡会不断膨胀，并且没有再次消失。最初版本的大爆炸理论无法回答这一问题。

大爆炸前发生了什么？

这个问题是"怎样才能无中生有？"的姊妹篇。最初版本的大爆炸理论认为时间是从奇点爆炸的那一刻开始的，正如"北极点以北"这个概念不存在一样，在"时间开端之前"也什么都没有。

但是大多数人并不满足于这个答案，尤其是当你考虑我们日常生活中用到的因果规律的时候。假如你把书扔到了地上，那么它落到地面（结果）将会发生在你的手松开（原因）之后。我们对这一过程非常熟悉。所以当你只看到了一本书掉到地上的时候，你会想到可能是之前有谁把它扔到了地上。

那么如果大爆炸是一个结果的话，原因又是什么呢？如果是这个结果创造了时间，那么在它之前怎么还会有一个原因呢？在大爆炸理论的最初版本中，我们无法讨论大爆炸之前的时间。

磁单极子

根据原始大爆炸理论，早期宇宙的高温足以产生"磁单极子"——一种假设只有一个磁极的粒子。然而，物理学家还没有在宇宙中的任何地方发现磁单极子。

宇宙微波背景的温度差异

当复合释放出现在已经成为宇宙微波背景的光的时候，宇宙的温度大约是 3 000K（2 727摄氏度），但是今天我们从宇宙微波背景中接收到的辐射仅仅相当于 2.7K（零下270摄氏度）的温度，这是因为宇宙已经膨胀了很多。

天文学家运用 WMAP（威尔金森微波各向异性探测器）和普朗克巡天者等人造卫星，精确地绘制了宇宙微波背景的示意图，在其中可以检测出仅为百万分之一的温度差异。根据此次绘制的结果，我们可以看到宇宙微波背景中的某些部分比其他部分稍热或稍冷，这意味着在早期宇宙中，宇宙微波背景刚刚开始辐射的时候，不同地区的温度也是不一样的，有的地区稍微热一些，有的地区则稍微冷一些。

如果说早期宇宙中物质分布得不均匀，那么这一问题就得以解决——物质分布稍微密集一些的区域会更热，而分布比较稀疏的地方则会更冷。这也符合我们今天看到的宇宙的结构，（密集的）巨大的超星系团和（稀疏的）巨大的超空洞[①]。稀疏的区域随着宇宙的膨胀而不断扩展，最终

[①]　空洞指纤维状结构之间的空间，其中只包含很少或完全不包含任何星系。——译者注

形成空洞；而密集的区域则通过引力不断将物质聚集起来，最终形成星系团。然而，原始大爆炸模型无法解释早期宇宙中的物质分布为何会存在微小的差异。

视界问题

除了某些区域有着极小的温差之外，宇宙微波背景的辐射图实际上是非常平滑的。那么为什么整个可观测宇宙的背景温度都是相同的呢？如果你在冬天打开了窗户，那么屋里的热量将会持续散出，直到屋里变得和屋外一样冷，这就是物理学家说的"这两个地方达到了热平衡状态"。但是，达成这一状态是需要时间的，就像宇宙中的其他事物一样，任何物质在两个位置之间进行交换的最大速度就是光速。这一过程发生在你的房子里并没有什么影响，但是放在宇宙中就会出现一些问题。

让我们先将目光投向某个方向上100亿光年之外的地方，然后看与它相反的方向的100亿光年远的地方。它们之间的距离是200亿光年，但是整个宇宙的年龄只有138亿年，这两片区域是怎么达到热平衡状态的呢？

你可能会说它们之间曾经离得更近，但实际上，它们之间的距离从没有小到足够达到热平衡状态。我们可以根据大爆炸理论得到宇宙在诞生之后膨胀的速度有多快，那么再根据现在这两片区域之间的距离进行计算就可以得出，这二者之间的距离从来都不可能足够达到热平衡状态。连光都无法从其中一片区域传播到另一片区域——它们一直都处在彼此的视界之外。这个视界问题，是原始大爆炸理论中最大的问题之一。

扁平问题

地球的表面是弯曲的，但是如果想要更加明显地感受到这种弯曲，你需要看到或者走过一段相当长的距离才行。想象一下，如果你被限制在一个地方无法走动，并且只能看到10米以内的事物，那么尽管地球不是平的，你也一定觉得是。

这种情况类似于宇宙给我们带来的体验。我们目前局限于太阳系，依靠光把远方的信息带给我们。但是，我们只能看见那些光经过足够的时间传播到我们这里的物体。而宇宙在起源之初膨胀的速度快到其中的某些部分我们永远都不可能看得见。因此"宇宙"（整体）和"可观测宇宙"（我们能够看到的部分）这两者之间是有区别的。

对于可观测宇宙的测量结果表明，其内部空间是"扁平"的——它没有明显的空间曲率。对此我们有两种解释，一是不断膨胀的宇宙已经把空间伸展得非常大，以至于尽管宇宙在更广阔的视角之下可能是弯曲的，但是我们所能看见的这一小块空间却显得很平坦。这就像是你在地球上只能看到10米远的距离时一样，尽管地球表面的确是弯曲的，但这一小片区域看起来却是平的。然而，根据原始大爆炸理论，宇宙并没有伸展得这么开。所以，要么就是宇宙并非完全起源于大爆炸，要么就是整个宇宙——包括我们能看到的和我们看不到的——都是扁平的。（对于后者）天文学家已经计算出，（在发生宇宙大爆炸的情况下）出现这种情况的可能性是10^{62}分之一。

微调问题

我们的宇宙如此醒目的扁平度并不是唯一令人费解的事情。想象一下，如果有一些巨大的控制面板能够控制我们的宇宙，而这上面有着一系列旋钮、仪表盘和按钮，其中每一个都能控制宇宙中的某一参数，比如光速、电子质量以及引力强度等，只要你改变了这些设定中的任何一个——哪怕只有百分之几——那么我们的宇宙都将会变得和现在非常不一样。

以引力为例。如果我们宇宙中的引力比现在稍微再强一点儿，那么各种物质都将在恒星的中心处遭受更为猛烈的挤压。恒星的核聚变过程将飞速进行，其寿命可能只有数月至数年，而不是现在的数十亿年，在这种情况下，像地球上这样的生命就不可能有机会诞生。甚至再多修改一些参数的话，可能连恒星都根本无法形成。如果引力比现在大得多，它可能会逆转发生于宇宙起源后的膨胀，并且在第一批恒星形成之前导致一场"宇宙大崩溃"，将所有的物质尽数毁灭。

如果这些参数的设定都是随机的，并且它们本可以在一个较广的范围内取值，那么为什么这些数值都非常完美，从而产生了一个充满恒星、行星，而且诞生了人类的宇宙呢？绝大多数其他数值最终都将产生一个空空的宇宙，甚至连宇宙本身都无法产生。有些人对于这一被称为"微调问题"的问题提出了一些见解，有人认为这只是一种纯粹的狗屎运——发生这种事的概率实在太小太小了；还有人认为这些参数是由某个全知全能的造物主精心设定的。但是这两种解释都无法令人满意，因为它们是无法证明的。

不过，第三种解释——一种被称为"暴胀"的说法——可能不仅可以将"微调问题"解释清楚，甚至可以解释大爆炸理论中的其他所有问题。

暴胀

修补大爆炸理论中的漏洞

20世纪70年代末期，许多和宇宙大爆炸相关的问题都变得明显起来。尽管在诸如宇宙微波背景、核合成以及类星体之类证据的支撑下，我们似乎已经可以彻底确定宇宙大爆炸的确发生过，然而还是有些漏洞需要修补。

从1979年一直到20世纪80年代初，物理学家阿兰·古斯（Alan Guth）、安德烈·林德（Andrei Linde）和保罗·斯坦哈特（Paul Steinhardt）提出了一种修正大爆炸理论的方式，同时还能保留其原有的全部优点。他们的观点被称为"暴胀理论"，其假设非常简洁明了：宇宙在起源之初经历了一段急速膨胀的时期，这一时期膨胀的速度比之后的所有时期都要快。这其实就是哈勃最初设想的"宇宙的膨胀"，只不过这下就变成了宇宙服用兴奋剂之后的膨胀。在最一开始的 $1/10^{36}$ 秒内，宇宙从远小于一个原子的大小变成一个西柚大小。这听起来好像不是很多，但是这两者之间大小相差的倍数大约是1后面跟上70~80个零。如果一个红细胞变大这么多倍，它将会比可观测宇宙还要大 10^{36} 倍。

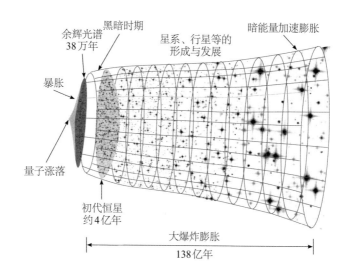

余辉光谱
38万年

黑暗时期

暴胀

量子涨落

星系、行星等的
形成与发展

暗能量加速膨胀

初代恒星
约4亿年

大爆炸膨胀

138亿年

图 6-2　目前为止，这是用于描述宇宙历史的最恰当的图像，
从最初的暴胀一直到现在由暗能量主导的时代

如果依次审视前文中大爆炸理论中的每一个问题，我
们就会发现，增加一段迅速膨胀的暴胀时期对解决这些问
题大有帮助。

为什么会"无中生有"？

我们在前面讨论这个问题的时候有提到过，可能宇宙
的诞生并不是从无到有，而是从时空中的一个量子泡沫中
产生的，但我们仍然需要解释为什么这个气泡不会消失。

根据暴胀理论，如果这个气泡经历了类似暴胀的迅速膨胀的过程，那么它的确有幸存下来的可能。

大爆炸前发生了什么？

我们通过观察现在的宇宙扩张的速度，逆推宇宙从何时开始膨胀，最终推导出了宇宙大爆炸。严格地说，这种膨胀——遵循哈勃定律的速率——是从暴胀之后开始的，所以暴胀就是大爆炸之前发生的事情。许多理论物理学家认为，在暴胀之前并不一定会有一个奇点，尤其是如果真的存在万物理论的话。在暴胀形成我们的宇宙之前，无论曾经存在过什么东西，它们都有可能一直存在着。

磁单极子问题

暴胀的过程将会把所有的磁单极子都远远地推出去，令它们与我们之间的距离远远超出根据最初版本的大爆炸理论得到的预估值。但现在磁单极子的分布实在是太广了，所以我们从未碰到过。

宇宙微波背景中的温度差异

我们知道，在最小的尺度上总有虚粒子凭空产生和消失。这些量子涨落在空间中的任意一点都会引起能量的短暂变化。而在暴胀期间，这种能量变化会被放大到天文学尺度上，从而导致新诞生的宇宙中某些区域能量偏高或偏低。

这也就解释了为什么宇宙微波背景具有微小的温度差异。当物理学家将预期中被暴胀放大的量子涨落的大小与宇宙微波背景中的温度差异进行比较时发现，二者之间相当吻合。这些差异还成了那些环绕在超星系团周围的超空洞的前身，所以暴胀理论同时还解释了宇宙结构为何会最终演化成今天的模样。

视界问题

暴胀导致宇宙在诞生之初的膨胀速度比由最初版本的大爆炸理论推导出的速度要快得多，所以我们今天看来，距离同样远的两片区域，它们之间的距离可能比我们想象的要近得多。如果空间中的每一个点在暴胀之前都非常接近，它们就能够在被突然分离开之前达到热平衡状态。

扁平问题

有一种关于扁平问题的解释是，空间在宇宙起源之初被拉伸得非常开阔，因此即使可能在更大的视角下宇宙存在一些曲率，但可观测宇宙却是平的（就像在一块很小的区域中观察地球也会觉得地球是平的一样）。

不过，大爆炸本身并不能将宇宙伸展到这种程度，但是如果存在这样一段暴胀时期，并且导致了比我们想象中更大的膨胀，那么问题就能解释得通了。暴胀抹平了可观测宇宙中的所有曲率。

微调和永恒暴胀

剩下来的就只有微调问题了，对此我们需要引入永恒暴胀的概念。

暴胀理论是用于解决大爆炸理论中出现的一些主要问题的非常好的解决方案，但是在确认这段迅速膨胀的时期真的存在之前，我们还需要解释清楚为什么会发生暴胀，以及暴胀后宇宙是如何变成大爆炸理论中描述的模样的。

为了回答这些问题，一些提倡暴胀理论的学者提出了"暴胀场"的概念。在物理学中，场是力作用的区域。例如，地球就有一个引力场，其强度随着在地球表面的位置的改变而改变——在山峰上方较强，在山谷中则较弱。物理学家认为暴胀场也会发生变化，而暴胀在暴胀场较强的地方发生，在暴胀场较弱的地方停止。当暴胀停止时，暴胀场中的能量会释放出来，并转化为物质和射线：于是，大爆炸发生了。

然而，物理学家们如果想让暴胀场中的能量得以巧妙地转化为类似大爆炸的结果，那么就只有一种解释方式——这一过程并不是一次性完成的。每当一部分能量发生转化后，就会出现一次新的大爆炸，并创造出一片全新的独立的空间，接下来暴胀会接着在其他地方继续发生。这就是"永恒暴胀"，它的影响极为深远。

多次大爆炸意味着多重宇宙，根据暴胀理论，其数量是近乎无限大的——甚至可能就是无限大。每一个宇宙中的物理定律、粒子质量以及力的强度都不尽相同，而这些参数取决于暴胀场转化为大爆炸时的具体方式。这就相当于每一个宇宙控制面板上的旋钮、仪表盘和按钮的设定都略有不同。

如果你觉得你所身处的宇宙是唯一的，那么你大概理所当然地会想："难道宇宙控制面板中的参数是专门为了我而设定的？"甚至你还可能会思考一下造物主是否真的存在。但是如果你意识到其实你所身处的宇宙只是众多宇宙中的一个，你该如何寻找真正的自我呢？

如果一个宇宙的参数决定其中不会诞生恒星和行星，更不会有生命，那么你就肯定不会出现在这个宇宙中，你只可能出现在参数合适的宇宙中。永恒暴胀描述的是可以发生无限次暴胀的多重宇宙，它能够穷尽所有的参数设定值，微调问题由此迎刃而解。这么多的宇宙中，一定有那么一个，它的参数对于你来说是"正确"的，而你不可能出现在其他任何一个参数不同的宇宙中。

多重宇宙

目前，多重宇宙还不是一个被完全接受的说法。它像一个万花筒，每一件事的所有可能性都分别会在不同的宇宙中发生。如果说多重宇宙是无穷多的，那么每一种可能性都会发生无穷多次。

这就像我们掷一个6面的骰子一样，如果连续掷6次，那么出现1、2、3、4、5、6（顺序可打乱）的概率则是1.5%。因此，平均每掷200次就会出现3次。掷骰子的次数越多，那么看到相同组合的次数也就越多。

那么在多重宇宙中，每次暴胀场转化为大爆炸相当于掷了一次骰子，只要掷出的次数足够多，那么就有可能有相同的组合（宇宙）出现。而当掷骰子的次数变为无穷多之后，"很有可能"就变成"一定会有"了。

　　在这无穷多的多重宇宙中，你总能找到另外一个宇宙，其中所有原子的排列规则都与我们当前所处的宇宙相同。而"所有原子都相同"，究竟意味着什么呢？我手指中的那些原子写就了这本书，而我之所以会写下这本书是因为小时候看到天空中闪烁着的原子之后，对天文学产生了浓厚的兴趣并且选择了从事天文相关的工作，现在你眼中的原子又从这一页书中接收光线……这一切的一切，每一个原子都是相同的。也就是说，在那个与这里完全相同的宇宙中，"你"正在做着相同的事情——完整地重复所有的场景。

　　那么，在其他100万个相同的宇宙中，同样也会有另外100万个"你"，而这些"你"在面对同一件事情上会做出同样的选择吗？或者说，这100万个"你"会不会做出完全不同的选择？可能在某些宇宙中，你成了美国总统；有可能在某些宇宙中，华盛顿州仍然被英国统治着；在某个宇宙中，已经逝去的爱人可能在别的宇宙中仍与你幸福美满地生活在一起；甚至还有可能某些宇宙中的你长着鸡的脑袋或者袋鼠的育儿袋。无穷多的多重宇宙，保证了所有可能出现的原子组合方式都会出现。

暴胀发生过的证据

多重宇宙看起来似乎是永恒暴胀的自然结果，我们也可以反过来利用它来解释一些宇宙的特征以及改进大爆炸理论。但是，我们目前还没有掌握任何能够证明暴胀的确发生过的证据，甚至于暴胀理论的提出者之一保罗·斯坦哈特已经放弃了这一观点，并在此后开始直言不讳地批评多重宇宙的观点。

然而，有很多其他研究者仍然相信可以找到能支撑暴胀理论的证据。事实上，早在2014年，一个科学家团队就宣布他们观察到了宇宙开始膨胀的"发令枪"响之后还未散尽的硝烟[1]。这一观测结果来自位于南极洲的阿蒙森–斯科特站BICEP（宇宙泛星系偏振背景成像）实验中的第二代望远镜BICEP2，科学家们用它来重新观察宇宙微波背景。

有人认为，如果宇宙的膨胀像暴胀那么快，就会发射出引力波，在早期的宇宙中荡漾。我们可能会在某一天探测到这些早期的"原初引力波"，但是它们经历了130亿年的漫长岁月之后，已经变得非常微弱，我们目前已有的引

---

[1]   实际上是早期宇宙的引力波。——译者注

力波探测器很难探测到它们。不过，宇宙微波背景给我们带来了曙光，因为它可以为我们提供宇宙仅仅诞生38万年之后的图景。如果把现在的宇宙比作一个40岁的人，宇宙微波背景就相当于这个人在刚出生10个小时后拍下的婴儿照。在宇宙微波背景被释放出来的同时，所有的原初引力波在传播的过程中都会对现在已经成为宇宙微波背景的光线产生干扰。2014年3月，BICEP2团队向全世界宣布，他们已经找到了这些干扰留下的痕迹。

但是，现在大多数天文学家都认为上述发现无法作为暴胀存在的证据，而这一质疑也迅速传播开来，普朗克卫星背后的研究团队认为，宇宙微波背景的光穿过银河系中的尘埃时也会留下类似痕迹。因此，就目前而言，天文学家仍未找到可支持暴胀理论成立的证据。

在BICEP2这次以失败告终的探测之后的18个月，也就是2015年9月，LIGO首次探测到了黑洞合并过程中产生的引力波。LIGO的灵敏度仍然不足以探测到原初引力波，但是既然引力波的存在已经被成功证实了，那么接下来我们就有可能建造出更大、更好的探测器。总有一天，它们会为我们指明通往多重宇宙的道路。

宇宙微波背景冷斑点

尽管还没有探测到原初引力波，但是仍有一些科学家声称他们找到了其他宇宙存在的证据，这些都取决于宇宙微波背景中有一片异常的低温区域。

WMAP于2004年第一次探测到这片区域，之后普朗克卫星于2013年再次探测到它。这里比宇宙微波背景零下270摄氏度的平均温度还要低0.000 14摄氏度，远远超出了正常的温度偏差，即便是经暴胀放大之后的量子涨落，也无法引起这么大的温差。

有可能是这一片区域和我们之间有一个巨大的超空洞，而宇宙微波背景中的光在穿越这片区域的过程中会逐渐失去能量，于是我们就看到这片区域有着异常的低温。不过，2017年科学家对7 000个星系展开了调查，并没有发现这样的空洞存在。

还有一些天文学家认为冷斑点是另一个宇宙对我们产生影响的证据。在持续不断的暴胀中，我们可能撞上了一个附近的宇宙气泡，这给我们的宇宙微波背景留下了"伤痕"。这一观点目前仍极具争议性。

宇宙的边界

宇宙的边缘

目前我们并不确定，我们所在的宇宙是不是唯一的，也不知道它是不是永恒暴胀的多重宇宙中的某一个。如果的确只有我们这一个宇宙的话，那么这个宇宙会有尽头吗？如果还有很多宇宙的话，那么我们的宇宙和其他宇宙的交界处在哪里？我们的宇宙有边缘吗？

可以肯定的是，我们的视野范围是有边界的。宇宙微波背景的光来自可观测宇宙的边界——它是第一束从早期宇宙的粒子浓雾中逃离的光。它描绘出了我们的宇宙视界，就像是我们在地球上看到的地平线——站在室外，你只能看得到这么远，但你知道地平线并不是地球的尽头，所以天文学家也不认为宇宙视界是宇宙的尽头。

大多数单个宇宙的模型都认为，我们的宇宙会一直持续膨胀下去，最后成为一个没有边缘或边界的无限大的宇宙。人们常常会问：宇宙膨胀到最后会变成什么？但是，如果我们的宇宙是唯一的，那么根据"唯一"这个词，它应该已经包含所有存在着的东西。即使有什么东西位于"宇宙之外"，但是因为它是"存在"着的，因此它就应该是宇宙的一部分。我们知道，宇宙的膨胀并不会令星系不断地向外涌入一些之前尚未被占据的区域，而是会伸展星系之间的空间。

如果我们的宇宙是一片浩瀚的多重宇宙的一部分，那么所有单个的宇宙就是更广阔的结构中的一分子。物理学家劳拉·梅尔西尼–霍顿（Laura Mersini-Houghton）认为宇宙微波背景中的冷斑点是与另一个宇宙相撞之后留下的伤痕，且已经计算出下一个宇宙现在距离我们有多远。她的计算结果至少比我们现在的宇宙视界还要远 1 000 倍。

宇宙的命运

宇宙的未来会是什么样的？这个问题的答案取决于宇宙中有多少物质。

自从大爆炸以来，我们的宇宙一直在膨胀，星系之间的空间在不断地伸展。但是，星系与星系之间也有引力作用，如果宇宙中有足够的物质和暗物质，那么它们的集体引力最终将逆转膨胀的过程，并且开始把星系拉得越来越近，最终宇宙将在"大崩溃"中毁灭。而如果宇宙中没有足够的物质，膨胀将一直持续下去，虽然速度会逐渐减缓，但是永远不会停止。第三种可能是，宇宙中的所有物质的质量足够令膨胀停止，但是并不足以引发崩溃。

以上三种情况有一个共同点：宇宙的膨胀应该是逐渐减慢的。20世纪90年代中期，有两个天文学家团队展开研究，目的就是确定宇宙的膨胀速率随时间变化的情况。

正如我们在第5章中看到的，观察远处的天体和回顾过去是一样的，光就像是一张明信片，可以把过去的信息带给我们。星系越远，它能代表的时代就越久远，我们可以通过测量遥远星系的速度得到很久以前宇宙膨胀的速度，再将其与现在的速度进行比较。如果宇宙的膨胀正在减慢，那么它曾经的膨胀速度应该更快。

不过，如果我们想要知道这些星系代表的时间点处于宇宙历史中的哪一段，那么我们就需要对星系的距离进行精确测量。视差法和造父变星法这样的常规测距方法已经行不通了，这两个天文学家团队需要一种新的、更亮的"标准烛光"，也就是 I a 型超新星。

I a 型超新星

我们的太阳是一个不同寻常的"独行侠"，但实际上大多数恒星都是成对存在的，就像开普勒–16b的主星那类双星。想象一下，双星系统的其中一颗恒星"死亡"后演变成了一颗白矮星——我们的太阳最终也会如此。致密的白矮星具有非常强大的引力，因此它会把气体从"伙伴"的身上抽走，长此以往，白矮星就会变得越来越胖，越来越重。

但是，白矮星能抽走的气体总量是有限度的，现在我们称之为"钱德拉塞卡极限"，这是由印度天体物理学家苏布拉马尼扬·钱德拉塞卡在19岁时计算得出的。1930年，钱德拉塞卡在从印度的马德拉斯港乘船前往剑桥的途中，到达了意大利的热那亚。在三周的航行中，他计算出白矮星的质量不可能超过1.4倍太阳质量，而当白矮星接近这个极限时，它会变得极其不稳定，最终发生猛烈的爆炸，成为一颗超新星。而这种超新星就被天文学家们称为Ia型超新星，并以此与大质量恒星在行将就木之时发生的核心处坍塌爆炸（II型超新星）相区分。它们是完美的标准烛光：不仅非常明亮，即使在宇宙的另一端也能看得到，同时它们的亮度都是一个相似的固定值。每一次爆炸所需的燃料都大约为1.4倍太阳质量，质量相同的燃料意味着相同的亮度。

图 6-3　位于 NGC 4526 星系的 Ⅰa 型超新星 SN 1994D 发生爆炸时的图像。
　　　　这仅仅是一颗恒星的爆炸，却和整个星系的中心一样明亮

要计算发生爆炸的恒星所在星系的距离，我们需要做的就是比较它原本应有的亮度和它在我们眼中的亮度（也就是视星等和绝对星等）。二者之间差别越大，意味着这颗恒星的亮度减弱得更多，即它发出的光走过了更远的距离。

1998 年，这两个研究宇宙膨胀过程的团队发表了关于Ⅰa 型超新星的测量结果，大家惊讶地发现，宇宙的膨胀似乎越来越快了。2011 年，做出这一发现的科学家中有三人荣获诺贝尔物理学奖。

暗能量

大爆炸之后，宇宙的膨胀速率似乎的确如预期一样曾经减慢过，但是在大约60亿年前又突然开始加速。但是没有人亲身经历过这段时期，这一过程相当令人困惑。

可能是有比引力还要强大的力量，在推动着星系间相互分开。在早期宇宙中，这种神秘力量的影响肯定是小到可以忽略不计的，但是随着时间的流逝，它的强度在不断地增长。天文学家把这种反重力的力量称为"暗能量"，这种命题类似于是同样不可见的、将星系黏合到一起的暗物质。天文学家认为，我们的宇宙的物质构成为68%的暗能量和27%的暗物质，而构成普通物质——如你我这样的物质——的原子仅占5%。

确切来说，"暗能量"这个名字只是个占位符，因为我们对它的了解甚至比暗物质还要少。目前关于暗能量的主流认识是认为它是一种"真空能量"①，这个概念我们之前也曾提到过，看起来空旷的空间从来都不是真正的"空"，总

---

① 这是一种存在于空间中的背景能量，即使在没有物质的空间中依然存在。——译者注

会有虚粒子凭空出现再突然消失。在不同的区域内，这种真空能量的平均值是相同的。在早期宇宙中，星系间的间隙很小，所有它们的周围没有多少真空能量，但是大爆炸带来了膨胀的趋势，星系之间的空间随着时间的推进而逐渐伸展，更大的空间也就会拥有更多的真空能量。最终，空间伸展得实在太大，以至于真空能量排斥力的强度超过了引力，宇宙的膨胀开始加速。

这一理论听上去能够自圆其说，实际上却漏洞百出。根据量子物理学，真空能量应该比我们观察到的要大 10^{120} 倍，这个数字可是 1 后面跟上 120 个零啊！如果暗能量就是真空能量的话，我们的宇宙早就被撕裂了。这是量子物理学和广义相对论难以调和的又一个例子。在我们对暗能量展开研究之前，能做的可能只有等待万物理论成功问世了。

大撕裂

如果暗能量的确在促使宇宙的膨胀不断加速，那么我们在"宇宙的命运"一节中看到的所有猜想就都是错的。与之描述相反，空间将会继续以更快的速度伸展，而更大的空间也就意味着有更多的暗能量，这则会继续加速宇宙的膨胀。这简直是一种失控的恶性循环。

最终，恒星之间的空间伸展得太大，以至于暗物质已经无法将它们黏合在一起，星系也会散架。恒星与行星之间的空间同样也会伸展，最终太阳系也会在膨胀中毁灭。

引力是最弱的力，所以上述这些依靠引力才能结合的系统将率先崩溃，接下来是维持电子围绕着原子核运转的电磁力。电子与原子核之间的空间也将扩展并最终抵消电磁力，于是继星系之后，原子也散开了。最后，即便是将质子和中子结合在原子核中的强相互作用力也无法抵挡暗能量的力量。

最后的结果就是，这个宇宙中的一切都将被撕成碎片，天文学家称之为"大撕裂"。再也没有什么星系、恒星、行星，连原子都不复存在，只留下一片虚空。计算表明，如果真的会发生大撕裂，我们的宇宙将在220亿年后死去。

结语

一看见星空，我就开始做梦。

——文森特·凡·高（1888年）

　　没有什么东西是永恒的。我们能存在于这个宇宙中，并且思考有关宇宙的奥秘，这实际上是一种应该珍视的幸运。

　　人类已经走过了一段相当卓越的天文学之旅。一开始，我们以为自己就是万物的中心，太阳和恒星都屈从于我们的意志。后来，我们用逻辑和推理认识到了真实的情境：我们的地球，只是在巨大宇宙中的一个小小角落里的一个小小的星系中，围绕着一颗小小的恒星运转的小小的行星。这个宇宙是一个无限广阔的世界，我们想象中的每一个场景都可能在宇宙中的某个角落真实地存在着。

这样的发现绝对值得褒奖，但是总有一些人会问，为什么我们要探索太空呢？我想说，因为探索未知这一行为深深地刻在我们的基因中。人类的好奇心把我们带出了非洲，走向了全世界。我们站在了珠穆朗玛峰的山巅之上，也曾前往马里亚纳海沟一探究竟；我们目睹了月球上的"地出"和火星上的日落，还观察了可观测宇宙的边界。我们的内心深处总是有一个声音告诉我们，要探明所有的未知，要不断地探索知识的边界。

未来，我们将很有可能见证人类第一次前往火星，这将是我们第一次踏上另一颗行星。今天的小学生在未来可能成为火星的居民，为人类探索太阳系开辟出新的道路。在未来的几十年里，我们的望远镜也很有可能会发现宇宙中其他文明的踪迹。

对于那些认为单凭好奇心不足以让我们如此卖力地探索宇宙的人而言，一个更实际的问题就在他们面前。当我们只能生活在地球这一个行星上的时候，相当于我们把所有的鸡蛋都放在同一个篮子里。人类在未来可能会遭遇小行星的撞击、大规模的瘟疫，甚至核战争，面对种种类似威胁，冒着艰险向太空进发才是我们幸存的最好机会。

别忘了，我们本就是星星的孩子，我们来自太空。我们骨骼中的钙元素和血液中的铁元素是在濒临死亡的恒星核心处产生，并且通过超新星爆发散播到宇宙中的各个地方的。向太空进发其实只是一趟回家的旅途。而我们在天文学和太空探索中付出的努力，正一步一步地实现着在太空中永久生存下去的梦想。

　　因此，在宇宙大撕裂发生之前，在宇宙这个舞台落下帷幕之前，我们都会一直怀着敬畏和好奇仰望星空，探索星空。

图
片
来
源

图1–1: Photo taken in 1998–9 of analemma from office window of Bell Labs, Murray Hill, New Jersey; J. Fisburn at English Wikipedia

图1–4: Baily's beads; Luc Viatour / https://Lucnix.be

图2–2: 2016 Coronal mass ejection; NASA

图2–6: US astronaut Buzz Aldrin; NASA

图3–1: Comet 67P; ESA / Rosetta / NAVCAM

图3–2: Saturn's rings taken by the Cassini wide-angle camera; NASA / JPL / Space Science Institute

图3–4: Orbital predictions diagram created by Worldwide Telescope; Caltech / R. Hurt (IPAC)

图4–3: Crab Nebula; NASA / STScl / ESA

图5–3: AMS-02; NASA

图6–1: CMB; WMAP Science Team / NASA

图6–3: Type 1A supernova exploding; NASA / ESA / HUBBLE / HIGH-Z SUPERNOVA SEARCH TEAM